Learning Deep
Architectures for AI

人工智能中的深度结构学习

［加］尤舒亚·本吉奥（Yoshua Bengio）著

俞凯　吴科　译

机 械 工 业 出 版 社

以人工智能为代表的新技术正在给人们的生产和生活方式带来革命性的变化。人工智能技术试图了解智能的本质，并产生一种新的与人类智能相似的方式做出反应的智能机器。让计算机理解现实世界中诸如图像、语音和语言等数据所蕴含的高层次抽象信息，并加以利用，是该领域最大的挑战之一。诸多理论和实践成果表明，以深度神经网络为代表的"深度结构"是解决该问题的最重要工具之一。

本书详细论述了采用深度结构的动机、原理和理论依据，讨论了训练深度神经网络的难点，继而详尽地介绍了自动编码器、受限玻尔兹曼机以及深度置信网络的概念和理论，并进行了理论分析。本书是深入理解深度学习的动机和原理的经典之作。

本书可作为高等院校相关专业本科生和研究生的教学辅助读物，对于人工智能相关人员，科学界和业界关注机器学习特别是希望深入理解深度学习理论基础的研究者和从业者，本书值得仔细阅读。

图书在版编目（CIP）数据

人工智能中的深度结构学习/（加）尤舒亚·本吉奥（Yoshua Bengio）著；俞凯，吴科译. —北京：机械工业出版社，2017.6（2018.2重印）
书名原文：Learning Deep Architectures for AI
ISBN 978-7-111-56935-0

Ⅰ. ① 人… Ⅱ. ①尤…②俞…③吴… Ⅲ. ①人工智能 Ⅳ. ①TP18

中国版本图书馆 CIP 数据核字（2017）第 115636 号

机械工业出版社（北京市百万庄大街22号　邮政编码100037）
策划编辑：王　康　责任编辑：王　康　汤　嘉
责任校对：樊钟英　封面设计：路恩中
责任印制：李　昂
三河市国英印务有限公司印刷
2018 年 2 月第 1 版第 2 次印刷
169mm×239mm·7.75 印张·119 千字
标准书号：ISBN 978 - 7 - 111 - 56935 - 0
定价：35.00 元

凡购本书，如有缺页、倒页、脱页，由本社发行部调换
电话服务　　　　　　　　　　　　网络服务
服务咨询热线：010 - 88379833　　机 工 官 网：www.cmpbook.com
读者购书热线：010 - 88379649　　机 工 官 博：weibo.com/cmp1952
　　　　　　　　　　　　　　　　金 书 网：www.golden - book.com
封面无防伪标均为盗版　　　　教育服务网：www.cmpedu.com

译 者 序

　　深度学习是近年在学术界和产业界都获得极大重视的机器学习技术。它在图像、语音等方面取得的巨大进展使得人们对于它的实际应用充满了兴趣。而这些实际应用算法大都是基于 2006 年受限玻尔兹曼机以及深度置信网络的理论突破而产生的。深入理解深度结构提出的动机和原理对于学习和发展深度学习算法具有重要的意义。目前出版的大多数深度学习书籍均以算法应用为主,本书则侧重于解释算法背后的动机,并详细分析深度结构的理论基础,是一本不可多得的深入浅出的理论小册子。

　　本书作者 Yoshua Bengio 是国际著名的深度学习领域开拓者,本书汇集了他对深度结构的比较系统的理论思考和对深度置信网络这一核心理论的详细分析。全书分为 10 章,以深度结构的引入动机、引入方法以及经典结构的理论分析为主线,详细介绍了受限玻尔兹曼机、自编码器、深度置信网络以及一系列算法变体的理论及其算法分析。本书可作为高等院校相关专业本科生和研究生的教学辅助读物,对于人工智能相关人员,科学界和业界关注机器学习特别是希望深入理解深度学习理论基础的研究者和从业者,本书值得仔细阅读。

　　本书由上海交通大学的俞凯和吴科共同翻译,翻译过程中还得到了上海交通大学智能语音实验室的周瑛、常烜恺、陈瑞年、丁文、林弘韬、石开宇、陈哲怀、张慧峰、杨闰哲、叶子豪、李慧琛、汤舒扬、白毅伟等同学的帮助,以及机械工业出版社的大力支持。翻译中难免有疏漏和错误,欢迎批评指正。

俞凯

目　录

译者序

1

引　言

在超过半个世纪的时间里，使用计算机为我们的世界建模，展示我们所说的"智能"，一直是研究的重点。显然，为了实现这一点，大量的信息应该以某种方式存储在计算机中。这些信息的存储或以显式方式或以隐式方式进行。如果要完全人工地将所有信息处理为机器可以利用的形式，以便解决问题并推广到新的情境中，其工作量是无法想象的。因此，许多学者已转而使用学习算法来捕捉这些信息的大部分。虽然人们在理解和改进学习算法方面有了很大的进展，但是人工智能仍面临着挑战。我们拥有能让机器理解场景并用自然语言描述这个场景的算法吗？除了在极其受限的情况下，的确没有这样的算法。我们有能推导出足够的语义概念并且能用这些概念和大多数人进行交流的算法吗？答案是没有。以定义得最好的人工智能任务之一的"图像理解"为例，我们还没有找到一个学习算法能发现必要的视觉和语义概念，来解释网上的大规模图片。在其他人工智能领域也有类似的情况。

考虑一个例子：解释一个如图 1.1 所示的输入图片。当人们尝试解决特定的AI 任务（比如机器视觉或者自然语言处理）时，通常会考虑直观地将问题拆解成多个子问题或是多个层级的表示，例如物体部件以及坐标模型[138,179,197]，它们可以在不同的物体实例中被重用。目前最先进的计算机视觉模型就构建了多层模型，将像素点作为原始输入，最后用线性函数或是核函数分类[134,145]。其中的中间模块混合了工程化的变换和学习，例如可以先提取那些对小的几何波动不变的低层级特征（如用 Garbor 滤波器做边缘检测），再逐渐对它们做转换（如使它们在参照物改变或反转时保持不变，有时候使用池化和子采样），然后检测出最常出现的模式。如前所述，为了从图片中获取有用信息，目前最常用且合理的方案就是从原始的像素点出发，逐渐转换成更抽象的表征，例如从出现边缘的地方开始，到更复杂但仅出现在局部的形状，再到侦测与子物体和图像的部件相关的抽象类别，最后将这些信息整合，从而获取足够的信息来回答关于图像理解的问题。

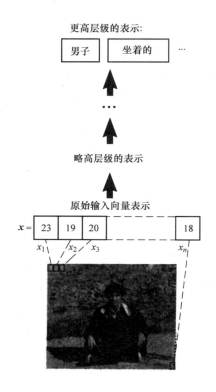

图 1.1　我们想要把原始的图像输入转换成更高层级的表示。这些表示是原始输入的函数，并且越来越抽象。例如边缘、局部形状、物体部件等。虽然语言概念可以帮助我们猜测这些更高层级的隐式的表示内容，实际上我们并不能提前知道所有层级的抽象概念所确切表示的东西

　　需要注意的是，假定能够做出复杂行为（或许可以被称作"智能"）的计算机需要学习一个高可变函数，即这个函数关于原始输入是高度非线性的，并且在不同目标领域里表现出非常大的波动和起伏。将学习系统的原始输入看作由多个可观测的变量组成的一种高维实体，这个实体的组成变量之间具有未知且错综复

杂的关联关系。举个例子来说,运用实物和光照的三维几何知识,可以把物理和几何上的微小改变(如位置、方向以及物体的光照)与图片上像素点的强度变化联系起来。将这些导致变化的因素叫作波动影响因子,因为它们是数据的不同解释视角,它们各自分别变化并且往往在统计上是独立的。在这种情况下,显式的物理因素的知识可以让我们获取一个整体的数学表达,可以用于描述因素之间的统计依赖,也可以让我们对与相同三维物体相关的图像(作为高维像素强度空间中的点)的形状有个粗略判断。如果机器能捕捉到影响数据统计波动变化的那些因素,以及它们产生观察数据的机制,那么就可以认为机器理解了真实世界中由这些波动影响因子覆盖的方面。不幸的是,一般情况下,对于隐含在自然图片里的大部分变化因素,我们并不能做解析性的理解。我们没有足够的先验知识来解释观测到的图像变化。正如图 1.1 所示,即使对于显而易见的类别也没有办法。一个像"人"这样的抽象类别其实对应着大量可能的图片,它们在像素点强度的欧式距离上可能截然不同。这类图片在像素空间中的存在非常复杂,甚至都不一定在互相连接的区域之中。在图片空间里,"人"这个类别可以看作一个高层级抽象概念。在这里所说的抽象概念可以是一个类别(如"人")或是一个特征。特征指的是传感器输入信号的一个函数,它可以是离散的(例如"输入的句子是否是过去时态"),或者连续的(如"输入的视频展示了一个物体在以 2m/s 的速度运动")。许多较低层级和中间层级的概念(也可以被称作抽象)对于构建一个检测"人"的系统是很有用的。较低层级的抽象和特定的感知有着更直接的联系,而更高层级的抽象则以中间层级的抽象为基础,它与实际感知的联系更微弱。

产生适当的中间层抽象是件困难的任务。此外,一个所谓"智能"的机器要掌握的图像和语义概念(例如"人")也非常多。因此,深度结构就希望能以自动化的方式发现这些抽象,从最低层次的特征到最高层次的概念。理想情况下,我们希望人工干预尽可能少,不需要人为定义所有必要的抽象,或者是提供大量人工标注的数据。如果算法能自动处理网上存在的大量图片和文字,肯定有助于把人类的知识转换成机器可理解的形式。

1.1 如何训练深度结构

深度学习希望能学到特征的层次结构，其中较高层次特征由较低层次特征组合而来。自动地学习这些多层次的特征可以让机器学到从数据输入直接映射到输出的复杂函数，而不是完全依赖于人工特征。这对于处理高层次的抽象是很重要的，因为我们往往也不知道如何根据原始输入定义它们。随着机器学习方法数据量和应用范围的增长，自动学习强特征的能力将越来越重要。

结构的深度指的是机器学得的函数中，由非线性操作组成的层级数量。目前大多数训练算法所学到的都只是浅层结构（1~3层），但是哺乳动物的大脑用的是深度结构[173]。原始感知的输入被多层次的抽象所表征，每一层次对应着大脑皮层的不同区域。人类也是用类似的方法处理的。大脑处理信息的方式似乎是经过了多层的转换和表示。这在灵长动物的视觉处理系统中得到了验证[173]。其处理方式是有顺序结构的，从检测边缘的存在，到简单图形，然后是更复杂的视觉图案。

受大脑结构深度处理方式的启发，神经网络的研究者们在几十年来一直希望能训练多层神经网络[19,191]，在2006年之前都没有成功⊖：他们在使用两到三层结构（也就是一到两个隐层）时有较好的结果，但是层次越深，结果越差。直到2006年才有突破性进展：多伦多大学的Hinton等人构建了深度置信网络（DBNs）[73]，其学习算法每次只对一个层级用贪心的思想做训练，每一层采用受限玻尔兹曼机（RBM）[51]，因此可以用无监督学习的方法训练。此后不久，基于自动编码器的相关算法也被提出[17,153]，用的也是类似的思想——用无监督学习独立地训练中间层。最近，基于同一思想，也有一系列其他深度结构（受限玻尔兹曼机和自动编码器之外）的训练方法被提了出来[131,202]（见第4章）。

⊖ 除了一种特殊的神经网络——卷积网络，我们在4.5节会提到。

　　2006 年 以 来，深 度 网 络 不 仅 被 成 功 地 运 用 在 分 类 任 务 上[2,17,99,111,150,153,195]，在 回 归[160]、降 维[74,158]、纹 理 建 模[141]、运 动 跟 踪[182,183]、物 体 分 割[114]、信 息 检 索[154,159,190]、机 器 人[60]、自 然 语 言 处 理[37,130,202]以 及 协 同 滤 波[162]等 方 面 都 有 成 功 的 案 例。虽 然 自 动 编 码 器、受 限 玻 尔 兹 曼 机 以 及 深 度 置 信 网 络 使 用 的 是 无 监 督 学 习，在 上 述 的 许 多 应 用 中，它 们 已 被 成 功 地 用 于 初 始 化 深 度 有 监 督 前 馈 神 经 网 络 的 参 数。

1.2　中间层表示：在不同的任务中共享特征和抽象

　　由于深度结构可以认为由一系列层级组合而成，随之而来的问题就是在每一层级里，它的输出（也就是下一层的输入）都是如何表达原始数据的呢？层级之间的连接是怎样的？最近对于深度结构的研究重点之一就是中间层的表示：深度结构的成功源于在中间层使用受限玻尔兹曼机[73]、自动编码器[17]、稀疏自动编码器[150,153]或是降噪自动编码器[195]，并采用无监督学习的方式学习。这些算法（会在 7.2 节具体介绍）可以看作是对"表示"（下一层级的输入）做转换，将波动影响因子更好地拆解开。在第 4 章我们将会具体介绍，无数的观测结果表明，当每一层次有较好的表示后，我们就可以用这些参数作为初始参数，用监督学习中的梯度优化方法成功地训练一个深度神经网络。

　　在大脑中，每个层次的抽象都是由一些"激活"（神经元激励）组成，这些"激活"只占大量特征中的一小部分，并且通常不是互斥的。由于这些特征不互斥，它们组成了所谓的分布式表示[68,156]——信息并不是局限在某一个神经元里，而是分布在许多神经元之中。此外，大脑对特征的存储似乎是稀疏的——只有大约 1% ~ 4% 的神经元在某个时刻是活跃的[5,113]。3.2 节将会介绍稀疏分布式表示的概念，在 7.1 节会进一步详细描述相关的机器学习方法。其中一些方法是受到大脑中稀疏表征的特点启发，并用于搭建含有稀疏表示的深度结构。

　　稠密的分布式表示是这类表示的一个极端，稀疏表示处于中间位置，而完全的局部表示则是另一个极端。表示的局部性和所谓"局部泛化"的概念是紧密相连的。许多现有的机器学习算法在输入空间里是局部的：为了在不同的数据空间中有不同的表现，这些算法需要有一套不同的参数（3.1 节有详细介绍）。虽然当参数量很大的时候，统计效率未必很差，但是为了获得较强的泛化能力，往往需要加上一些先验知识才行（例如倾向于选择数值较小的参数）。如 3.1 节最后所讨论的，当这些先验知识不是针对特定任务的时候，它们可能会让模型变得很平滑。与这些基于局部泛化的模型相比，使用分布式表示所能区分的模式数目可能与表示的维数（即学习到的特征数目）呈指数关系。

在许多机器视觉的系统中，学习算法只限制于这样一个处理链条的特定部分，其余部分仍需要大量人工参与。这会限制系统的规模。而且，智能机器的一个标志是能识别足够多的概念，而不只是识别"人"这个类别。因此，需要一个能处理很多不同任务和概念的算法。人工定义这么多任务显然不可能，所以自动学习在这种情境下变得非常重要。此外，任务之间和任务需求的概念之间的潜在共性非常重要，不利用这些条件是不明智的，而这一直是多任务学习[7,8,32,88,186]的研究重点。多层级结构很自然地提供部件共享和复用：低层级的特征（如边缘检测）和中间层的特征（如局部目标）不仅对识别人是有用的，在很多其他的视觉任务里也起作用。

深度学习是基于学习跨任务可共享的中间表示的。因此，深度学习能利用无监督的数据和来自相似任务[148]的数据解决大型任务中的数据匮乏问题。正如文献［37］显示的，它在几个自然语言任务中击败了最先进的算法。文献［2］也将相似的深度框架的多任务学习方法应用于视觉任务之中。考虑这样一个多任务情形，不同的任务有不同的输出，而这些输出从共享的高级特征池中获得。由于这些通过学习得来的特征可以在多个任务中共享，这就使得统计上的强度正比于任务的个数。而这些高级特征本身又能通过公共池中的低级别中间特征的组合来表达，统计强度再一次能用相似的方式获得，并且这个策略能在深度框架的每一个层级中使用。

此外，对于大量相关概念的学习有助于实现人类能做的"宽泛抽象"，而这一目标无法通过为每个视觉类别独立的训练一个分类器去达到。如果每个高层的类别都是由公共池中抽象特征的组合得到的，则通过这些特征的新组合就能很自然地推广到未见过的类别上。即使只有一部分这样特征的组合出现在训练样本中，由于它们表示了数据不同的侧面，新样本也会通过这些特征新的组合来有意义地表达。

1.3　学习人工智能的必经之路

在以上所提及的问题的基础上，我们把视野扩展到广义的人工智能中，对人工智能训练算法提出了一些能力上的要求。我们认为这些要求很重要，并且对研究有推动意义：

- 能学习复杂、高度变化的函数（其变化的数量远大于训练样本）。
- 能通过很少的人工输入，学习各个层级（低层级、中间层级、高层级）的抽象概念。这些抽象概念对于表示复杂的函数是有益处的。
- 能从大量样本中学习：关于样本数量的训练时间复杂度应该趋近于线性。
- 能从大部分无标注数据的数据集中进行学习（也就是半监督学习场景），其中有些数据没有完整或者正确地标注。
- 能表示大量任务之间的共性（即多任务学习）。这些共性之所以存在，是因为所有的人工智能任务都只是真实情况的不同表现方式。
- 能有很强的无监督学习能力（即能发现观测数据中的结构）。这对于突破目前很多任务的瓶颈是很有必要的，并且很多未来的任务也不能提前知道。

还有一些能力和本书没有直接的联系，但是也同样重要。例如能学习变长或变结构的上下文情境表达[146]，从而让机器可以在上下文相关的情境下运行并针对观测数据流，做出一系列的行为决策；例如当决策会影响未来的观测和利益时，能有合理的考虑[181]；为了收集更多关于真实世界的数据，能采取行动做出探索（也就是主动学习的一种形式）[34]等。

1.4 本书大纲

第 2 章回顾了一些理论成果（可以跳过，对于之后章节的理解没有影响），说明了结构的深度和任务需要相匹配，过于浅层的结构会使得计算元素急剧增加（对于输入规模可能是指数型的）。我们提出，过于浅层的结构是有害于学习的。如果用一个大型的浅层结构来表示任务（有大量计算元素），为了调整其中的每一个元素并学习一个高可变函数，我们会需要大量的样本。3.1 节通过说明局部泛化和局部估计的缺陷，进一步说明了深度结构的动机。我们希望通过含有分布式表示的深度结构来避免这些缺陷（见 3.2 节）。

本书后面的部分阐述并分析了一些用于训练深度结构的算法。根据神经网络的相关文献，第 4 章介绍了一些关于训练深度结构的概念。我们首先指出了先前训练多层神经网络的困难之处，然后介绍了用于初始化深度神经网络的无监督学习方法。其中，很多算法（包括受限玻尔兹曼机）和自动编码器的训练算法相关：通过简单的无监督学习，在一个单层模型上得到输入的分布式表示[25,79,156]。为了彻底理解受限玻尔兹曼机和相关的无监督学习算法，第 5 章介绍了一类基于能量的模型，可用于搭建含有隐变量的生成模型（如玻尔兹曼机）。第 6 章重点讲述了如何用逐层贪心训练算法训练深度置信网络（DBNs）[73] 以及堆叠自动编码器[17,153,195]。第 6 章讨论了受限玻尔兹曼机和自动编码器的一些变体，它们被用于扩展和改进原本的模型。其中有些考虑了稀疏性和对时序依赖的建模。第 8 章讨论了如何通过变分方法联合训练深度置信网络的所有层级。最后，我们在第 9 章提出一些展望性的问题，比如在训练深度结构时的复杂优化问题。我们认为，目前训练深度结构的成功部分源于对于低层级特征的优化。我们讨论了一些延拓法的原理。它们通过最小化一个逐渐变得不平滑的代价函数，来实现深度结构的优化。

2

深度结构的理论优势

在本节中，通过理论上分析浅层结构的局限性，讨论研究基于深度结构的学习算法的动机。本书的这部分（包括本节和下一节）将讲述为什么会提出之后章节中描述的算法。跳过这部分并不会影响后面章节的阅读。

本节的主要观点是：过浅的结构（就可调参数的数目而言）不能有效地表达某些函数。这说明探究深度结构的学习算法是有价值的，深层结构可以表示一些被其他结构无法有效表示的函数。在简单和较浅的结构不能有效表示（甚至去学习）的目标任务上，我们可以寄希望于基于深度结构的学习算法。

当一个函数表达式具有较少的计算元素（Computational Elements）时，我们称这个函数表达式是紧凑的（Compact），即需要在学习过程中调整的自由度是小的。因此，对于有固定数量的训练样本，并且缺少其他输入到学习算法的知识来源时，我们希望目标函数$^{\ominus}$的紧凑表示将会带来更好的泛化性。

更准确地说，一个能够被深度为 k 的结构来紧凑地表示的函数，如果用一个深度为 $k-1$ 的结构来表示，可能需要指数级的计算元素。因为可承受的计算元素的数量取决于用来调整或选择它们的训练样本的数量，所以这带来的影响既是计算上的也是统计上的——使用深度不够的结构来表达某些函数时，可以预见泛化能力会比较弱。

考虑固定维数输入的情形，可以使用一个有向无环图表示机器执行的计算。图中每个节点都利用其输入执行一个函数的计算，每个输入都是图中另一个节点

$\ominus$　目标函数是我们想让机器发现的函数映射。

的输出或是来自图的外部的输入。整个图可以看作是一个电路，实现了对外部输入的函数计算。当计算节点允许的函数集合仅限于逻辑门时，诸如"与""或""非"（AND，OR，NOT），这就是一个布尔电路或逻辑电路。

为了形式化结构深度的概念，必须引入计算元素（Computational Elements）集合的概念。这种集合的一个例子是逻辑门，可以执行的运算的集合。再举一个例子就是由人工神经元（依赖于它的权重取值）执行的运算的集合。一个函数可以用给定计算元素集合中元素的组合来表示。用一个形式化这种组合的图来定义这个函数，其中每一个计算元素都用一个节点来表示。"结构深度"是指计算元素连接图的深度，即从一个输入节点到输出节点的最长路径。当计算元素集合是人工神经元可执行的运算的集合时，深度对应于神经网络中的层的数目。让我们用不同深度的结构的实例来探索深度的概念。考虑函数 $f(x) = x * \sin(a * x + b)$。如图 2.1 所示，它可以表示为简单运算的组合。这些简单运算如加法、减法、乘法以及 sin 运算。在这个例子中，乘法 $a * x$ 和最后的关于 x 的乘法会用不同的节点来表示。图中的每一个节点都和一个输出值相关联。这些输出值都是使用一些函数在输入值上进行计算得到的。而这些函数的输入值又是图中其他节点的输出值。例如，在逻辑电路中，每个节点可以计算一个小的布尔函数集合中的某个布尔函数。该图作为一个整体具有输入节点和输出节点，并表达了一个从输入到输出的函数。一个结构的深度是从图中任意输入到任意输出路径的最大长度，如在图 2.1 中，$x * \sin(a * x + b)$ 的深度是 4。

- 如果在计算元素集合里包含仿射（Affine）操作及其与 S 型函数（Sigmoid）的可能组合，则线性回归和逻辑回归的深度为 1，即只有一层（Level）。

- 当我们把一个固定的核计算 $K(u, v)$ 与其他仿射（Affine）操作放在允许的运算集合里，带有固定核的核机器（Kernel Machines）[166] 可以被认为具有两层深度。第一层对于每个 x_i（选定的代表性训练样例），都有一个计算元素计算核函数值 $K(x, x_i)$，把输入向量 x 与代表样本 x_i 匹配起来。第二层进行仿射组合（Affine Combination）$b + \sum_i \alpha_i K(x, x_i)$ 把匹配好的 x_i 和期望的响应关联起来。

- 当我们把人工神经元（仿射变换后接非线性变换）放进计算元素集合里，

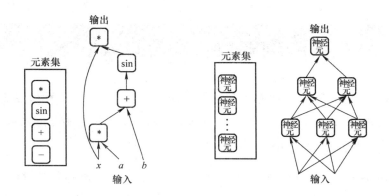

图2.1 一个计算图表示函数的例子。每一个节点都是从允许计算的"元素集合"中选择的。左图中，元素是 $\{*, +, -, \sin\} \cup \mathbf{R}$ 。该结构计算 $x * \sin(a * x + b)$ 且深度为4。右图中，元素是计算 $f(x) = \tanh(b + w'x)$ 的人工神经元；每个集合中的元素具有不同的参数 (w, b) 。结构是一个多层神经网络，深度为3

可以得到普通的多层神经网络[156]。最常见的选择是有一个隐藏层，因此深度为2（隐藏层和输出层）。

- 决策树也可视为两层，将在3.1节中进行讨论。

- 助推（Boosting）[52]方法通常在构成它的基础的弱学习器上又增加了一层——该层对基础的弱学习器的输出进行投票表决或计算其线性组合以得到最终的输出。

- 堆叠（Stacking）[205]方法则是另一种增加了一层的元学习（Meta - learning）算法。

- 基于目前脑解剖的知识[173]，大脑皮层可以被看作是一个深层的结构，仅是视觉系统就有 5 ~ 10 层。

尽管深度取决于每个元素允许的计算集合的选择，但是一个集合相关的图经常可以通过增加深度的图变换方式转换为另一个集合相关的图。理论结果表明，重要的不是绝对的层级数目，而是能够有效地表达目标函数所需要的相对层级数目。

2.1 计算复杂性

关于深层结构的模型能力最正式的论据来自于对电路的计算复杂性的探究。基本结论是：如果一个函数可以由深度结构紧凑地表示，则采用深度不足的结构去表达它需要非常庞大的结构。

逻辑门的两层电路可以表示任何布尔函数[127]。任何布尔函数都可以写成乘积的和的形式（析取范式：第一层是"与（AND）"门与在输入上可选的"非（NOT）"操作，第二层是"或（OR）"门），或者是和的乘积的形式（合取范式：第一层是"或（OR）"门与在输入上可选的"非（NOT）"操作，第二层是"与（AND）"门）。为了理解浅层结构的限制，应首先考虑使用两层逻辑电路，大多数布尔函数需要指数级（与输入大小相关）的逻辑门[198]来表示。

更有趣的是，有些函数在深度为 k 时可以用多项式级数量的逻辑门电路计算，而将深度限制为 $k-1$ 时就需要指数级别的数量了[62]。这个定理的证明依赖于更早的结论[208]，证明指出深度为 2 的 d 位奇偶校验电路具有指数级大小。d 位奇偶校验函数一般定义为

$$(b_1,\cdots,b_d) \in \{0,1\}^d \mapsto \begin{cases} 1, & \text{若} \sum_{i=1}^{d} b_i \text{是偶数} \\ 0, & \text{其他情况} \end{cases}$$

有人可能会好奇这些布尔电路的计算复杂性结果与机器学习是否有联系。参见文献［140］可以发现与学习算法相关的计算复杂度的早期研究理论成果。有趣的是，很多关于布尔电路的结果可以被推广到计算元素是线性阈值单元（也称为人造神经元[125]）的结构，其计算表达式为

$$f(x) = 1_{w'x+b \geqslant 0} \qquad (2.1)$$

式中，w 和 b 是参数。电路的扇入（Fan-in）是某个特定计算元素的最大输入数目。电路经常被组织成多层，就像多层神经网络，在一层上的元素只以来自前上一层的元素作为输入，而第一层是神经网络的输入。电路的大小是它计算元素

（不包括输入元素，因为它们不执行任何计算）的数量。

当试图紧凑地表示一个可以用深度为 k 的电路表示的函数时，以下定理特别有趣，它适用于单调加权阈值电路（Monotone Weighted Threshold Circuits）（即具有线性阈值单元且权重为正的多层神经网络）。

定理 2.1 用一个深度为 $k-1$ 的单调加权阈值电路去计算函数 $f_k \in \mathcal{F}_{k,N}$ 时，其大小至少为 2^{cN}，其中 $c > 0$ 是某个常数，$N > N_0$[63]。

这类函数 $\mathcal{F}_{k,N}$ 的定义如下：该函数是一个树状的深度为 k 的电路，它包含 N^{2k-2} 个输入。树的叶子是非负的输入变量，函数值在树的根节点。从底端起，对于树的第 i 层，当 i 为偶数时，该层由 AND 门组成，当 i 为奇数时，该层由 OR 门组成。最顶层和最底层的扇入（Fan-in）为 N，而其他层为 N^2。

上述结果既不能证明其他类的函数（例如，为完成人工智能任务，我们想学习的函数）需要深度结构，也不能证明所说的这些限制适用于其他类型的电路。然而，这些理论结果都涉及了这个问题：通常在大多数机器学习算法中遇到的深度为 1、2 和 3 的结构，对于人工智能任务中需要的复杂函数是不是因为太浅而不能有效地表示？类似上述定理的结果也显示可能不存在通用的正确深度——每个函数（即每个任务）对于一个给定的计算元素集合，可能需要一个特定的最小深度。因此应该努力开发使用数据来确定最终结构深度的学习算法。还要注意的是，采用递归运算定义一个计算图，这个图的深度与迭代的次数呈线性增加关系。

2.2 一些非正式的论证

结构深度与高可变函数的概念有一定联系。我们认为，在通常情况下深度结构能够紧凑地表示高可变函数，而同样一个函数如果用不恰当的结构来表示，却需要非常多的参数。当一个函数（例如，分段常数或者分段线性函数）需要用非常多的分段来近似时，我们称它为高可变函数。深度结构是许多操作的组合，任意的一个深度结构都能被一个足够大的两层结构表示。一个较小的深度结构中计算单元的组合可以看作一个较大浅层结构中计算单元的"因式分解"。重新组织计算单元的组成方式对减少表示（同一种运算）需要的参数量有巨大的作用。比如，假设有一个深度为 $2k$ 的多项式的表示，它的奇数层实现乘法操作，偶数层实现加法操作。这类结构可以被看作非常高效的因式分解，因为如果把它压缩成一个深度为 2 的结构，比如一些乘积的求和，那么这种浅层结构需要相当多的因式来完成求和——考虑深度 $2k$ 结构中第一层的积（如图 2.2 中 x_2x_3 所示），它会在深度为 2 的结构中作为因式出现很多次。从这个例子中可以推断出，如果一些运算（比如在第一层）能够在展开后的 2 层结构表达式中被共享，那么深度结构将是有优势的。在这种情况下，需要表达的总表达式可以被分解开，即被深度结构更紧凑地表达。

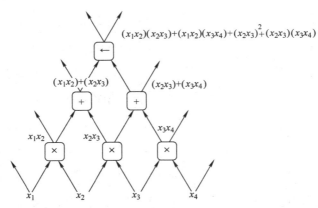

图 2.2　一个用来展示深度结构因子化的多项式电路的例子。这里，奇数层做乘法，偶数层做加法。例如，第一层级的乘法 x_2x_3 在第二层级的如图所示的多项式展开式（乘积的和）中出现许多次（次数与深度成指数关系）

文献［19］中举出了更多的例子论证深度结构的强大表示能力，以及它在人工智能和机器学习方面的潜力。在这之前，文献［191］从偏向认知的角度讨论了更深层结构的理论优势。需要注意的是，信奉连接主义理论的认知心理学家已经研究很久的一种思想是：神经计算是由不同级别的表示按分层结构组织的，不同级别的表示代表不同层次的抽象，每一层都是按分布式表示方式表达的[67,68,123,122,124,157]。这些早期的发展为本书讨论的现代深度结构奠定了坚实的基础。把这些概念引入认知心理学（然后是计算机科学与人工智能）的目的有两点，一是解释某些早期认知模型不能自然解释的现象，二是把认知学的解释和神经生物基质的计算特性相互联系起来。

总之，一些计算复杂性的结果有力地表明，对于同一个函数，我们可以用深度为 k 的结构紧凑地表示，但如果用更浅的结构去表示，则需要非常多的元素。由于结构中的每一个计算元素都需要被选择，或者说用样本学习，上述结论说明了深度结构从统计效率角度上来看是非常重要的。我们将在下一章进一步探讨深度结构这个概念，同时讨论与非参数学习算法相关的浅层结构的缺陷——估计器的输入空间的局部性。

3

局部与非局部泛化性

3.1 局部模板匹配的局限性

如果一个函数的可变度比训练数据的数量还多，那么学习算法怎样紧凑地表达这样的"复杂"函数呢？这个问题与结构的深度以及估计器的局部性都有关。我们认为，局部估计器虽然能被深度结构有效地表达，但是仍然不适合于学习高可变函数。对于一个新的输入 x，在输入空间上具有"局部性"的估计器可以在仅利用 x 周围的训练样本的情况下，就能得到很好的泛化性。局部估计器显式或者隐式地把输入空间分成几个区域（可能以柔性而不是刚性的方式），为了把目标函数在各个区域的不同形状刻画出来，它在每个区域需要不同的参数或者说是自由度。当目标函数是一个高可变的函数时，就需要把输入空间分成许多的区域，这样需要的参数量也会变大，同时所需的训练数据也要相应增加才能获得好的泛化性。

局部泛化的问题和维数灾难的概念息息相关，但同时我们引用的实验结果表明，真正影响泛化性的并不是维度，而是我们希望学习到的函数的"可变度"。比如，如果模型表达的函数是分段常值函数（如决策树），那么泛化性的影响因素则是合理近似目标函数所需的分段的数量。当然，函数的可变度和输入的维数有相互的联系——你可以设计一系列的目标函数，让它的可变度与输入维数成指数关系，例如 d 个输入的奇偶函数。

基于局部模板匹配的结构可以看作某种两层结构。第一层由一系列能够与输入匹配的模板组成。一个模板单元可以输出一个表示匹配程度的值。第二层把这些值结合起来，通常情况下用简单的线性组合（类似"或"操作），用以预测期望的输出。可以把这种线性组合看作一种插值操作，这种操作可以产生属于给定模板之间区域的答案。

基于本地模板匹配结构的典型例子就是核机器[166]

$$f(x) = b + \sum_i \alpha_i K(x, x_i) \tag{3.1}$$

这里 b 和 α_i 构成了第二层，而在第一层，就是核机器 $K(x, x_i)$ 去匹配输入 x 和训练样本 x_i（公式中的求和是在训练集中全部或者部分输入模式上进行的）。在式（3.1）中，$f(x)$ 可以是分类器的判别函数或者是回归预测器的输出。

当一个核函数 $K(x, x_i)$ 仅对位于 x_i 周围的连通域中的 x 满足 $K(x, x_i) > \rho$（ρ 为某个阈值）时，我们称这个核是"局部的"。该区域的大小通常由核函数的一个超参数决定。我们可以把高斯核看作计算柔性交集，因为它可以被写成一维高斯分布的乘积：$K(u, v) = \prod_j e^{-(u_j - v_j)^2/\sigma^2}$。如果 $|u_j - v_j|/\sigma$ 在所有的 j 上都比较小，则 $K(u, v)$ 会较大，那么模式就匹配成功了。如果 $|u_j - v_j|/\sigma$ 对某个 j 比较大，则 $K(u, v)$ 较小，这个模式就没有匹配上。

核机器的著名例子不仅包括了支持向量机[24,39]和分类与回归问题中的高斯过程[203]⊖，也包括了分类、回归和密度估计问题的传统非参数学习算法，比如 k 近邻算法、Nadaraya–Watson 算法、Parzen 窗密度估计算法、回归估计器等。下面我们将讨论 Isomap 和 LLE 这样的流形学习算法，它们可以被看作是局部的核机器，也可以被看作同样基于构建邻域图（一个样本对应一个节点，同时相邻样本之间有弧连接）的半监督学习算法。

具有局部核的核机器能够得到泛化性的原因是利用了所谓的平滑性先验假设，即假设目标函数是平滑的或者是能够被一个平滑的函数很好地近似。比如，在监督学习中，假设有训练样本 (x_i, y_i)，那么构造一个 $f(x)$ 的预测器，使其满

⊖ 在高斯过程中，与核回归一样，式（3.1）中的 $f(x)$ 为目标变量 Y 的在给定输入 x 下的待预测条件期望。

足当 x 接近 x_i 时，预测器的输出接近 y_i 是很显然的事情。需要注意，这样的先验要求我们首先定义出输入空间上的相似度。平滑性是一个实用的先验假设条件，但是文献［13］和［19］认为对于输入空间上高可变的目标函数来说，这样的先验通常不足以得到足够好的泛化性。

高斯核这样的固定通用核的局限性引发了许多基于任务相关的先验知识来设计核函数的研究[38,56,89,167]。那么，如果我们并没有充分的先验知识来设计一个合适的核，我们可以学习到吗？这个问题同样引发了许多研究[40,96,196]，而深度结构则是其中一个非常有前景的方向。文献［160］中已经指出通过使用深度置信网络学习特征空间可以提高高斯过程核机器的性能——训练深度置信网络后，它的参数被用来初始化一个确定性的非线性变换（一个多层神经网络），这个变换能够计算特征向量（数据的一个新特征空间），我们可以通过基于梯度的优化方法调整这个变换使得高斯过程的预测错误最小。这个特征空间可以看作自动学习到的数据表示。一个好的表示应该让具有某些类似抽象特性的样本之间变得更近，这些抽象特性应该与影响数据分布的因素有关。深度结构的学习算法可以看作学习核机器的特征空间的方法。

假设一个方向 v，目标函数 f（理想情况下学习器应该学到的函数）沿该方向在一系列的"颠簸"中忽上忽下（即当 α 增加时，$f(x + \alpha v) - b$ 过零轴，先为正，再为负，然后再为正，再为负，如此往复）。以文献［165］为基础，文献［13，19］中证明，对于高斯核的核机器，需要的样本数正线性相关于待学习的目标函数的颠簸数。它们也表明对于奇偶函数这种具有极大变化性的函数，在采用高斯核的时候，如果想使错误率降到一定水平，所需的高斯核中的样本数量是输入向量维度的指数量级。对仅依赖目标函数局部平滑（比如高斯核机器）先验假设的学习器来说，学习在某个方向上正负符号变化很多的函数会是一件非常困难的事情（需要巨大的 VC 维度和相应的大量样本）。然而对于其他类型的函数，如果这些函数的变化模式能够被紧凑地获取到，它们就能被学习到（比如当目标函数的变化是周期性的，同时备选函数中某一类函数中包含了能近似匹配它的周期性函数）。

在高维的复杂问题中，如果使用了局部核方法，那么决策面的复杂性可以很快地让学习过程变得无法计算。但同时也可以说，如果曲线有许多可变度，同时这些可变度彼此之间没有潜在的规律可言，那么没有任何学习算法能够比具有输入空间局部性的估计器表现得更好。然而，最好还是能找到描述这些变化的更紧凑的表示方法。因为一旦找到了这样的表达，就很有可能会有更好的泛化性，特别是对于训练集中没有出现的变化方式。当然，这种情况只有当目标函数中存在潜在规律可供提取时才会发生；我们希望在 AI 任务中也会有这样的性质。

我们发现具有输入空间局部性的估计器不仅存在于上文讨论的监督学习算法中，在非监督与半监督学习算法中也存在，比如，局部线性嵌入[155]、Iso-map[185]，核主成份分析[168]（或核 PCA）Laplacian 本征映射算法[10]、流形图册化算法[26]、频谱聚类算法[199]和基于核的非参数化半监督算法[9,44,209,210]。这些非监督与半监督算法大部分依赖于邻域图——图中的每个节点都是一个样本，弧连接相邻的节点。通过这些算法，读者能够对它们正在做什么有一个几何上的直观认识，同时也能理解为什么成为一个局部的估计器会影响它们的性能。图 3.1 从流形学习的角度解释了为什么这样说。再一次地，我们发现，为了把函数中许多可能的变化转换为可学习的，学习器需要一定数量的样本，该数量与需覆盖的可变度成比例[21]。

最后，来看看基于邻域图的半监督学习算法的例子[9,44,209,210]。这些算法把邻域图分成一些固定标记的区域。可以证明，具有固定标记的区域数量不能多于有标注的样本数[13]，所以学习器至少需要与分类相关的可变度一样多的标注样本数据。而在决策面拥有非常大的可变度时，获取这样大规模的标注数据几乎不可行。

决策树[28]是被研究得最充分的学习算法之一。由于它专注于处理输入变量的某一个子集，所以乍一看好像是非局部算法。然而，决策树的基本思想是将输入空间进行分区，然后对各个区域使用不同的参数，这样每个区域都与决策树上的一个叶节点对应[14]。这意味着决策树依然有着上文讨论的其他非参数化学习方法的局限：它们至少需要与目标函数的相关可变度一样数目的训练样本，而且

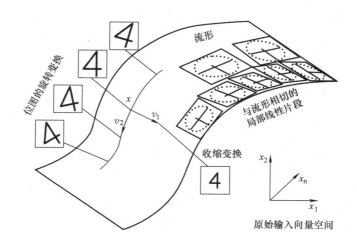

图 3.1　与同一物体相关的图像集合构成一个流形或者一个不相交的流形集合。流形是比图像的原始空间维度更低的区域。比如数字 4，通过旋转和伸缩变换，我们可以得到相同类下的其他图像，即在同一个流形上。由于流形是局部平滑的，所以原则上是可以通过与流形方向相切的多个线性片段来局部近似。不幸的是，如果一个流形弯曲程度很大的话，近似它需要很小的线性片段，且数量为流形维数的指数级。此图片由 Pascal Vincent 提供

不能泛化到训练集中没有覆盖到的新可变性。通过理论分析[14]可以找到某些特殊类型的函数，它们需要输入维数指数级的训练样本数量才能达到给定的错误率。该分析与此前关于计算复杂性分析的文章[41]的思想有异曲同工之处。分析结果也与之前的实际结果[143,194]相符，这些结果表明决策树的泛化性能随目标函数可变性的增加而降低。

　　集成树（类似于增强决策树[52]，和决策森林[80,27]）比单棵树更有效果。它在原有的两层结构上加上了第三层结构，这让模型有了区分参数量的指数级数目区域的功能[14]。如图 3.2 所示，集成树构成了一个森林中所有树的输出的分布式表示（此概念将在 3.2 节中更深入讨论）。集成中的每一棵树都能由一个代表输入样本所属的叶节点或者区域的离散符号表示。每棵树上与输入模式对应的叶节点组成了一个描述能力非常强大的元组：它能够表达很多的可能模式，因为与 n 棵树对应的叶节点区域的相交区域的数量是 n 的指数级。

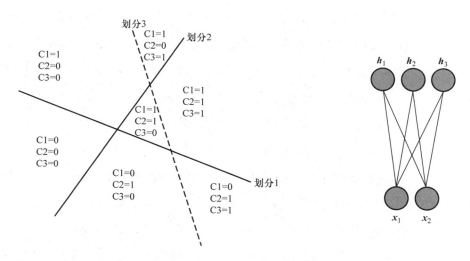

图 3.2　当单棵决策树（这里只是两路划分）能够区分的区域数量与参数（树叶）的数量呈线性关系，集成树（左）能区分的区域却是树的数量的指数级，也就是和总的参数量呈指数关系（至少只要树的数量没有超过输入的数量此结论就成立，而这种例外在这里很难发生）。每一个可区分的区域都对应着每一棵树上的一个叶节点（这里只有 3 个两路树，每棵树对应着两个区域，一共有 7 个区域）。这与多重聚类相同，这个例子中三个聚类的结果分别对应着每棵树的两个区域。含有三个隐层单元的受限玻尔兹曼机（右）也属于多重聚类，每一次划分（对应一个二值隐层单元的）会分割开两个线性可分的区域。因此，多重聚类也是对输入模式的分布式表示

3.2　学习分布式表示

在 1.2 节中，我们提出深度结构需要对系统中不同层级间的接口的表示种类做出选择，我们同样介绍了局部表示（在之前的章节中有过深入讨论）、分布式表示以及稀疏分布式表示的基本概念。分布式表示实际上是机器学习和神经网络研究中的一个旧想法[15,68,128,157,170]，它有利于解决维数灾难以及局部泛化的局限性。对于整数 $i \in 1, 2, \cdots, N$，一种简单的局部表示可以是一个拥有单独的 1 和 $N-1$ 个 0 的 N 比特的向量 $r(i)$，也就是说第 j 位的元素 $r_j(i) = 1_{i=j}$，我们称

它为 i 的"独热"（one－hot）表示。对同一个数字的分布式表示可以是一个 $\log_2 N$ 位的向量，这种表示是一种更加紧凑的表示方法。对于相同数量的可能取值，分布式表示可能是对局部表示的一个指数级压缩。稀疏（比如鼓励大多数单元取值为 0）概念的引入考虑到了在完全局部（最稀疏）以及非稀疏分布式表示（稠密）之间的一种表示。人们相信大脑皮层中的神经元具有一种分散式和稀疏的表示[139]。而且，不管什么时间，大概只有 1%～4% 的神经元得到激活[5,113]。在实践中，我们经常利用取值为连续值表示的优势，来增加它的表达能力。样本表示的第 i 个元素代表输入与某个原型或者区域中心的某种距离，如同使用 3.1 节中讨论的高斯核那样。举一个连续取值的局部表示的例子，在分布式表示中，其输入的模式通常由一系列非互斥的特征组成，这些特征甚至可能是统计独立的。举例来说，聚类算法并不会构造一个分布式表示，因为这些类别之间是完全互斥的，然而独立成分分析（ICA）[11,142]和主成分分析（PCA）[82]则能构造出一个分布式表示。

　　考虑输入向量 x 的一种离散分布式表示 $r(x)$，其中 $r_i(x) \in 1,2,\cdots,M, i \in 1, 2,\cdots,N$。每个 $r_i(x)$ 可以视为一个分类器，将 x 分为 M 个类别中的某一种。就像图 3.2（$M=2$）所示，每个 $r_i(x)$ 将 x 的空间划分为 M 份，但通过组合这些不同的划分方式，可以使得 x 的空间的划分区域数量呈指数级别上升。值得注意的是，当表示某种特殊的输入分布时，因为空间划分不兼容，某些组合是不可能出现的。比如在语言模型中，一个单词的局部表示可以直接通过词汇表中的下标对其标识进行编码，这也相当于使用一个字典大小条目的独热编码。另一方面，一个单词的分布式表示能够将句法特征（词性分布）、形态特征（前缀及后缀）和语义特征（代表的是姓名还是动物等）组合为一个向量来表示该单词。就像在聚类中，我们构造了很多离散的类别，这些类别潜在的组合数量是巨大的。因此我们也就得到了多重聚类，这种思想与重叠簇（Overlapping Clusters）和部分隶属关系（Partial Membership）的想法很相似，就是各簇成员并非完全互斥[65,66]。聚类会形成一种单一的划分，这通常会严重损失输入中的一些信息。但多重聚类提供了一系列对输入空间的独立划分，在这种情况下，要想区分出某个输入则需要确定其在各个划分中的所属位置，由这些位置所组成的描述所包含的信息量就十分丰富了，甚至可能不会有信息的丢失。用来标识输入在各个划分中所处位置的符号元组，可以视作一个由原始输入空间转换而成的新特征空间。在新特征空间中，原始数据中的统计结构以及变化因素都变得更加清晰。这与之前章节中提到过的用集成树对输入空间进行划分相对应。这种特性同样也是我们希望深度结构能够捕获到的，但通过多个层级的表示，高层特征应该更加的抽象且可以表达出原始空间中一些比较复杂的区域。

在监督学习、多层神经网络[157,156]以及无监督学习领域，为了学习隐层中的分布式中间表示，玻尔兹曼机[1]被发明了出来。与上述的语言模型的例子不同，玻尔兹曼机的目标是为了发现那些可以组成分布式表示的特征。在有多个隐层的神经网络中，有着多个特征表示，每层对应一个。想要学习多层次的分布式表示涉及如何有效训练的问题，我们在之后会进行详细讨论。

4

具有深度结构的神经网络

4.1　多层神经网络

下面列举了多层神经网络[156]中的一些具有代表性的公式。如图 4.1 所示，第 k 层利用前一层的输出 h^{k-1} 计算得到一个输出向量 h^k，最开始的输入为 $x = h^0$，

$$h^k = \tanh(b^k + W^k h^{k-1}) \tag{4.1}$$

其中有两个参数：b^k（偏差向量）和 W^k（权重矩阵）。这里的 tanh 函数是按位

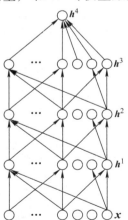

图 4.1　多层神经网络，通常在监督学习中用于预测或分类，它的每一层都是一个仿射变换操作和非线性变换的组合。前馈的计算是一个确定的转换过程，从输入层 x，经过隐层 h^k，传到网络输出层 h^ℓ。将得到的输出与标签 y 对比就可以得到需要被最小化的代价函数 $L(h^\ell, y)$

计算的，它可以替换为 $\mathrm{sigm}(u) = 1/(1 + e^{-u}) = \dfrac{1}{2}\big[\tanh(u) + 1\big]$ 和其他的饱和非线性函数。最高层的输出 $\boldsymbol{h}^{\ell}$ 用来做预测，它和监督目标 y 一起构成了代价函数 $L(\boldsymbol{h}^{\ell}, y)$。这个代价函数通常情况下是关于 $\boldsymbol{b}^{\ell} + \boldsymbol{W}^{\ell}\boldsymbol{h}^{\ell-1}$ 的凸函数。输出层使用的非线性函数可能与其他层不同，如 softmax 函数

$$\boldsymbol{h}_i^{\ell} = \frac{e^{b_i^{\ell} + \boldsymbol{W}_i^{\ell}\boldsymbol{h}^{\ell-1}}}{\sum_j e^{b_j^{\ell} + \boldsymbol{W}_j^{\ell}\boldsymbol{h}^{\ell-1}}} \tag{4.2}$$

式中，$\boldsymbol{W}_i^{\ell}$ 是 $\boldsymbol{W}^{\ell}$ 的第 i 行，$\boldsymbol{h}_i^{\ell}$ 是正数，并且 $\sum_i \boldsymbol{h}_i^{\ell} = 1$。softmax 函数的输出 $\boldsymbol{h}_i^{\ell}$ 可以用作 $P(Y = i|\boldsymbol{x}|)$ 的估计值，其中 Y 是输入模式 $\boldsymbol{x}$ 对应的类别。在这种情况下，我们通常使用负的条件对数似然函数 $L(\boldsymbol{h}^{\ell}, y) = -\log P(Y = y|\boldsymbol{x}) = -\log \boldsymbol{h}_y^{\ell}$ 作为代价函数，使它在 $(\boldsymbol{x}, y)$ 上期望值最小化。

4.2 训练深度神经网络的挑战

在阐述了为什么需要采用深度结构的非局部估计器之后，我们现在需要解决如何训练这个难题。经验上的证据表明深度结构的训练难度要大于浅层结构[17,50]。

在 2006 年之前，机器学习文献对深度结构一直没有过多的讨论。这是因为当使用标准的随机参数初始化方法时，总是得到非常高的训练和泛化误差[17]。值得注意的是，人们发现深度卷积神经网络[104,101,175,153] 更容易训练，我们会在 4.5 节中进行讨论，其中某些原因还没有得到充分的阐明。

许多未报道的负面观察以及一些实验数据[17,50] 都表明，在多层有监督深度神经网络（使用随机初始化参数）中，基于梯度的训练会陷入一个明显的局部极小值或平坦区域⊖。并且发现随着深度的增加，深度结构更难以获得好的泛化

⊖ 我们称它明显的局部极小值。这是由于梯度下降的学习轨迹会陷在这里很难出去。当然，这不能排除更强的优化方法也许能找到一个远离目前解的更优解。

能力。当使用随机初始化参数时，深度神经网络的性能很差。这个结果甚至比那些只含有 1 个或 2 个隐层的神经网络更差[17,98]。即使 $k+1$ 层的神经网络能很容易表达一个 k 层的神经网络能表示的内容，而 k 层却不容易表达 $k+1$ 层所容纳的内容，但浅层网络性能更好的情况仍会出现。

然而，文献［73］发现，如果使用无监督学习算法对每层进行预训练，就能得到好得多的结果。这里的具体做法是从第一层开始（直接接受观察值 x），一层接一层地做这种预训练。在最初的实验中，各层使用的是受限玻尔兹曼机模型[73]。在之后的一些实验中，使用多种自动编码器的变体对每层进行预训练的方法也得到了相似的结果[17,153,195]。这些文章大部分都利用了一个逐层贪婪无监督学习的思想（在接下来的章节中会有详细讨论）——首先使用无监督学习算法训练底层（如使用受限玻尔兹曼机或者自动编码器），得到神经网络第一层参数的初始值。然后使用第一层的输出（对原始输入的一种新的表示）作为第二层的输入，同样使用无监督算法来得到该层参数的初始值。在得到多个层的参数的初始值后，整个神经网络就能使用监督学习来进行精调。相比于随机初始化参数，使用无监督预训练所能带来的好处在多个统计对比中都得到了清晰的论证[17,50,98,99]。

到底用什么原理能够解释在这些文献中观察到的无监督预训练的使用所带来的性能提升呢？一条线索也许可以帮助我们找到深度结构下训练算法有效的原理。这条线索来自于非受限玻尔兹曼机或自动编码器的无监督训练算法[131,202]。这些算法与基于受限玻尔兹曼机以及自动编码器的训练算法的共同点是：逐层的无监督准则。这个准则通过在各层采用一个无监督的训练信号来帮助该层的参数达到参数空间中的一个更优的区域。在文献［202］中，其使用多对 $(x,\tilde{x})$ 来对神经网络进行训练，这些训练对可能是邻居（或者属于同一类别），也可能不是。这个模型假定对 x 的 k 层特征表示记为 $h^k(x)$。定义每层的局部训练准则如下：根据 x 与 $\tilde{x}$ 是否是邻居样本（例如，输入空间的 k 近邻），将对应的中间层表示 $h^k(x)$ 和 $h^k(\tilde{x})$ 距离变得更近或者更远。这条准则之前已经在一种使用无监督流形学习[59]算法的低维嵌入中取得成功。在这里则是应用在神经网络的一个或多个中间层[202]。按照慢特征分析中所提出的高层抽象短时不变性的想法[23,131,204]，为中间层提供了一种无监督的指导——连续帧有很大可能会包含同一物体。

显而易见，至少对于所研究的任务类型，使用这些技术能极大的降低测试误差，但是为什么呢？一个基本的问题是，这种性能提升到底是因为更好的优化还是更好的正则化。正如接下来所讨论的，答案可能不适用于通常的优化或者正则的定义。

在一些实验中[17,98]，即使使用没有经过无监督预训练的深度神经网络时，也可以将训练的分类误差降低到0，这也就说明了预训练更像是起到了正则化的作用而不是优化的作用。文献［50］中的实验同样给出了相似的证据——对于相同的训练误差，使用无监督预训练可以系统地降低测试误差。就像文献［50］中讨论的，无监督预训练可以视为一种正则化的形式（和先验知识）：无监督预训练将参数约束在一个可接受的参数空间区域。这种约束强制使得最终解"接近"⊖无监督训练的解，期望这个解能捕捉输入空间中的显著统计结构。另一方面，文献［17，98］中的实验显示，当没有进行预训练时，模型最终效果差的原因是由于底层没有得到很好的训练：当顶层的隐层被限制（如强制其节点数量很少），采用随机初始化参数的深度神经网络在训练集以及测试集上的表现都很差，而且远不如经过预训练的神经网络。在先前提到过的训练误差达到0的实验中，通常是在隐层节点数量（一种超参数）被调整到足够大的情况下才出现的（为了最小化在验证集上的误差）。文献［17，98］中提出的解释假说称，当顶层的隐藏层没有任何约束时，最上面两层（相当于一个通常的含有一个隐藏层的神经网络）仅用低层所提供的输出，就已经足够拟合训练集，即使低层所提供的输出是非常差的。相比之下，在使用无监督预训练的情况下，低层得到了优化，即使我们使用尺寸更小的顶层，同样能获得更低的训练误差以及得到更好的泛化效果。文献［50］中描述的实验同样做出了一致的解释，即当使用随机初始化参数时，低层（接近输入层）参数的训练效果很差。这些实验说明了无监督预训练主要对深度结构的低层起到了积极的作用。

―――――――――――

⊖　即在梯度下降过程中处在相同的吸引域。

我们知道，通常来说一个两层的神经网络（一个隐藏层）可以得到较好的训练效果，这个观点对于深度神经网络中的最上面两层同样适用。这两层组成了一个以底层输出为输入的浅层神经网络。当使用通用的训练准则时，优化深度神经网络的最后一层通常是一个凸优化问题。优化最后两层时，虽然不是凸优化问题，但其比优化一个深度神经网络要容易得多（实际上当隐藏层节点的数量趋近于无限大时，一个两层神经网络的训练也可以视作凸优化问题[18]）。

如果在顶层有足够多的隐藏层节点（也就是说有足够的模型容量），即使低层没有得到很好的训练，训练误差也可以变得很低（只要底层保留了原始输入中的大部分信息），但这会造成其泛化能力比浅层神经网络更差。当训练误差低而测试误差高时，我们通常称这种现象为过拟合。由于无监督预训练降低了测试误差，因此其也就可以视为一种基于数据的正则化。其他一些强有力的证据表明无监督预训练的表现与正则化相似[50]：特别地，当模型没有足够的容量时，无监督预训练往往会降低其泛化能力。当训练集的样本数量较少时（如 MNIST，不超过 10 万条数据），虽然无监督预训练能改进测试误差，但它也使得训练误差变大。

另一方面，对于更大的训练集，使用更好的低隐藏层初始化时，训练误差以及测试误差都能得到极大的下降（见图 4.2 和接下来的讨论）。这里的初始化是无监督预训练。假设在一个充分训练的深度神经网络中，其隐藏层对输入有一个不错的表示。这个表示将有利于模型预测。当低层参数初始化很差时，这些明确而且连续的表示通常也能保留输入的大部分信息，但是这些表示可能会扰乱输入，而且不利于顶层学习到一个具有好的泛化能力的分类器。

根据这个假设，即使把深度神经网络的最上面两层换成一个其他的凸优化机器（如高斯过程或者支持向量机[19]），也可以得到一些性能上的提升，特别是在训练误差上。但如果低层没有经过很好的优化，也就是说如果没有发现一个对原始输入的有效表示，其对模型的泛化能力也不会有太大的帮助。

因此，存在这样一个假说：通过更好地调整优化深度结构的低层，无监督预训练有助于提升模型的泛化能力。虽然只利用顶层拟合训练样本就能降低训练误

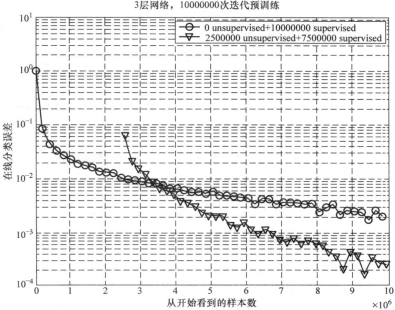

图 4.2 在线使用 1000 万条手写数字图片训练深度结构。这里，三角形表示使用预训练，圆形表示没有使用预训练。在 1000 个样本上在线计算的分类误差显示在图中（纵轴，对数刻度；横轴，从开始算看到的样本数）。前 250 万个样本用作无监督预训练（采用堆叠的降噪自动编码器）。曲线尾部的震动是由于此时的错误率已经接近 0。这使得采样变动在对数刻度下看起来很大。在非常大的训练集的情况下，正则化的效果应该消失。相比之下，我们可以看到，在没有预训练的情况下，训练收敛到了一个更差的局部最优；无监督预训练帮助神经网络找到在线误差的一个更优最小值。实验由 Dumitru Erhan 完成

差，但当所有层都得到合适的调整时，可以取得更好的模型泛化能力。另一个更好的模型泛化能力的源头可能来自于某种形式的正则化：通过无监督预训练，低层被约束去捕捉到输入分布中的规律。对于一组随机的输入输出数据对 (X, Y)，这种正则化效果与在半监督学习中使用无标注数据的效果类似[100]。也与采用最大似然方式优化生成模型 $P(X, Y)$ 相比优化判别式模型 $P(Y|X)$ 所产生的正则化效果类似[118,137]。如果对于 X 的函数 $P(X)$ 和 $P(Y|X)$ 是无关的（也就是说，这两个函数是独立选择的，学习其中一个函数不会给我们带来另一个函数的信

息），那么对于 $P(X)$ 的无监督学习对 $P(Y|X)$ 的学习没有任何帮助。但是如果它们是相关的⊖，而且如果在估计 $P(X)$ 和 $P(Y|X)$ 时使用相同的参数⊖，那么每个数据对 (X, Y) 为 $P(Y|X)$ 所来带的信息不仅可以通过常规的手段获得，而且可以通过 $P(X)$ 来获得。举个例子，在深度置信网络中，两个分布共享相同的参数，所以用来估计 $P(Y|X)$ 的参数受益于一种基于数据的正则化：这些参数在某种程度上需要同时满足 $P(Y|X)$ 以及 $P(X)$。

现在让我们回到使用"优化"与"正则化"来解释无监督预训练优势的讨论上来。值得注意的是，在这里使用"优化"一词时需要十分小心。如果只是遵循优化的一般意义，我们并没有遇到优化的困难。的确，我们可以依靠网络的最上面两层，将整个网络的训练误差降得很低。然而，如果考虑到调整低层网络（无论是通过限制倒数第二层，即最上面的隐层，中隐层节点的数量还是限制最上面两层权重的大小），则涉及优化的难度问题。

一种验证优化假说和正则化假说的方式是考虑真实的在线环境（训练集中的数据从一个无限的流中得到，而且不会重复）。在这种情况下，在线梯度下降表现为一种对泛化误差的随机优化。如果无监督预训练的作用是纯粹的正则化，那么当我们拥有一个虚拟的无限训练集时，无论网络有没有经过无监督预训练，其在线误差都会收敛到一个相同的等级。

另一方面，如果这里提出的优化解释假说是正确的，我们就能预料到，即使在在线环境中，无监督预训练也能带来好处。为了探究这个问题，我们使用"无限 MNIST"数据集[120]，也就是一个虚拟的类似于 MNIST 里数字图片的无限数据流（通过随机转换、旋转、缩放等操作获得，参见文献［176］）。如图 4.2 所示，当使用预训练时（使用堆叠降噪自动编码器，见 7.2 节），具有 3 个隐层

⊖　举例来说，MNIST 中的数字图片会形成一些分离得很好的簇，特别是当学习到有效表示时。即使这些特征是用无监督学习学到的[192]。所以甚至在知道它们的标注之前，我们也能大概猜到其决策面的位置。

⊖　举例来说，用来估计 $P(Y|X)$ 的多层神经网络的低层，使用来自估计 $P(X)$ 的深度置信网络的参数初始化。

的神经网络会收敛到一个更低的错误率。这幅图展示了在线错误率的下降过程（每1000个数据作为间隔）。这个错误率是对泛化误差的无偏蒙特卡罗估计。前250万个样本用作无监督预训练。

从图中我们可以明显看出，无监督预训练会让神经网络的测试误差收敛到一个更低的值，也就是说，无监督预训练的效果不止是正则化，而且也找到了优化准则的一个更优最小值。尽管有着这样的表现，我们也不能完全推翻正则化的假说：因为存在局部最优解，正则化的作用会一直持续到无限的训练数据。对于这个现象，也有一个相反的解释：当训练陷入局部最优时，即使提供了更多的数据，也没有提供更多新的信息。

为了解释低层更加的难以优化这一问题，之前的证据显示，反向传播到低层的梯度不足以将低层的参数移动到一个有着更优的解的区域。根据这个假说，低层的参数在优化的过程中会陷入一个较差的局部最小值或稳定值（即小的梯度）。由于顶层的梯度训练往往进行得比较好，这就意味着当梯度传回低层时，这些梯度含有的驱动底层参数变化的信息会较少，也可以说对于梯度下降，误差函数越来越病态，以至于不能帮助低层逃离那些局部极小值。正如4.5节中所论述的，这些与深度卷积神经网络比较容易训练的现象是有联系的，那种容易训练的情况也许是因为其每层都存在特殊的稀疏连接。另外，深度神经网络中利用梯度的问题与通过长序列训练循环神经网络的困难同样有着联系，文献 [22，81，119] 中对循环神经网络有详细的分析。一个循环神经网络可以按时间展开，只要我们把神经元在不同时间段产生的输出看作不同的变量即可，对于一个很长的输入来说，展开的循环神经网络会成为一个很深的深度结构。在循环神经网络中，训练的困难可以归结为经过多次非线性变换后的梯度弥散（或者梯度爆炸）。在循环神经网络中，还有一个额外的困难之处在于短时（展开图中的更短的路径）与长时（展开图中的更长的路径）梯度的不匹配。

4.3 深度结构的无监督学习

由前面的章节可以看到，在至今为止所有成功的深度结构的学习算法中，逐层的无监督学习是至关重要的部分。如果输出层定义的优化准则的梯度在反向回传到低层的时候作用已经不明显了，那么我们有理由相信在单层级别上定义一个无监督优化准则可以使参数朝着合理的方向变化。我们也有理由期待，一个单层的学习算法可以捕获该层输入的统计规律，并对其形成一个抽象表示。PCA 或 ICA 的标准形式（其所需的因素数与信号数相同）应用在这里并不合适，因为它们不能处理所谓的"过完备情况"。在过完备情况中，输出数大于它的输入数。这里建议大家看一下有关 ICA 处理过完备情况的扩展方法[78,87,115,184]，以及与 PCA 和 ICA 有关的算法，例如自动编码器和受限玻尔兹曼机，这两种方法都可以应用到过完备的情况。实际上，一些在多层系统的情况下使用这些单层无监督学习算法进行的实验证实了这一想法[17,73,153]。此外，堆叠线性投影（例如两层的 PCA）仍然是线性变换，并不是建立了更深的结构。

有监督准则的梯度给出的更新方向可能是不可靠的，无监督学习可以帮助减少对这种不可靠更新方向的依赖。除了这个动机之外，我们也引入在深度结构的每一层都使用无监督学习的另一个动机。那就是：它可以自然地将问题分解成与不同层次的抽象有关的子问题。我们知道无监督学习算法可以提取输入分布中最突显出来的信息。这种信息可以用分布式表示（即对输入中变化的显著因素进行编码的一组特征）来捕获。一个单层的无监督学习算法可以获取它的主要信息，但是因为单层容量的限制，由结构中第一层提取的特征只可以看作低层级的特征。可以想到，如果基于同样的原理来学习第二层，但是输入的特征为第一层已经学习到的特征，这样可以获得稍微高一些的层级特征。以这样的方式，我们可以想象最终可能会出现能够刻画输入的更高级抽象。需要注意的是，这个过程中所有的学习都是保留在每层的局部，因此当我们尝试优化一个全局准则时，避免了可能会损害深度神经网络梯度学习效果的梯度弥散（Gradient Diffusion）的问题。在接下来的章节中，我们将会讨论深度生成结构，并正式引入深度置信网络。

4.4　深度生成结构

在深度结构中，无监督学习除了对有监督的预测器的初始化有帮助外，还对学习到数据的分布并且从该分布中采样有重要的意义。生成模型通常可以用图模型[91]来表示：图中节点表示随机变量，边表示了随机变量之间的相关性。所有变量的联合分布可以用一个节点和它在图中的邻接节点的乘积项表示。在有向图中（定义了父节点），给定一个节点的父节点，则该节点条件独立于它的兄弟节点。在图模型中，有一些随机变量是可以被观测到的，另外一些不可以（称为隐变量）。sigmoid 置信网络是一个生成型的多层神经网络，它在 2006 年之前就已经被提出并被研究了，人们使用变分近似法[42,72,164,189]训练它。如图 4.3 所示，sigmoid 置信网络中，给定上一层神经元的值，则每一层的神经元（通常是二进制的随机变量）是相互独立的。这些条件分布的典型的参数化公式与式（4.1）所示的神经元的激活函数类似

$$P(\boldsymbol{h}_i^k = 1 \mid \boldsymbol{h}^{k+1}) = \mathrm{sigm}(\boldsymbol{b}_i^k + \sum_j \boldsymbol{W}_{i,j}^{k+1}\boldsymbol{h}_j^{k+1}) \qquad (4.3)$$

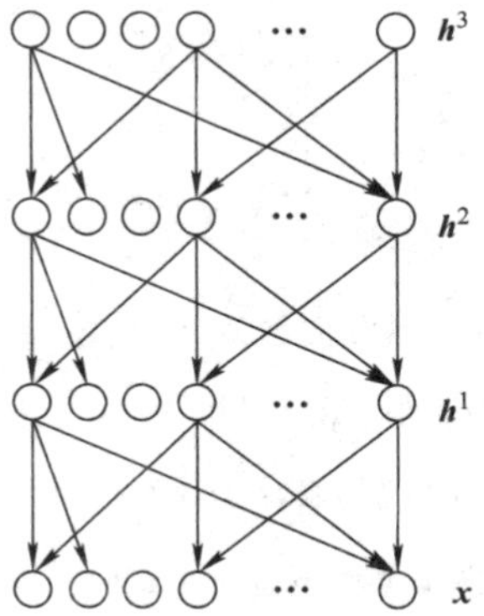

图 4.3　生成式多层神经网络的例子，这是一个 sigmoid 置信网络，由有向图模型（每一个节点表示一个随机变量，有向边表示变量之间的直接依赖关系）表示。观测数据为 $\boldsymbol{x}$，第 k 层的隐藏变量由向量 $\boldsymbol{h}^k$ 的元素表示。最高层 $\boldsymbol{h}^3$ 可以被因式分解

式中，$\boldsymbol{h}_i^k$ 表示第 k 层隐层节点 i 的二进制激活值，$\boldsymbol{h}^k$ 表示向量 $(h_1^k, h_2^k, \cdots)$，用 $\boldsymbol{x} = \boldsymbol{h}^0$ 表示输入向量。需要注意的是符号 $P(\cdots)$ 表示所采用的模型的概率分布，而 P 则表示了训练数据的分布（即训练集的经验分布，或者说生成训练样本的概率分布）。最底层生成了输入空间的向量 $\boldsymbol{x}$，我们希望这个模型在训练数据上

可以得到较高的概率。考虑到网络有很多层，这个生成模型可以分解如下：

$$P(\boldsymbol{x},\boldsymbol{h}^1,\cdots,\boldsymbol{h}^\ell) = P(\boldsymbol{h}^\ell)\left(\prod_{k=1}^{\ell-1} P(\boldsymbol{h}^k \mid \boldsymbol{h}^{k+1})\right) P(\boldsymbol{x}\mid\boldsymbol{h}^1) \qquad (4.4)$$

式中，$P(\boldsymbol{x})$ 表示边缘分布，但是除了很小的模型之外，这个边缘分布在实践中是难以处理的。在 sigmoid 置信网络中，顶层的先验分布 $P(\boldsymbol{h}^\ell)$ 由因式分解得到，即 $P(\boldsymbol{h}^\ell) = \prod_i P(\boldsymbol{h}_i^\ell)$，其中每一个二进制的因式单元都服从一个伯努利分布 $P(\boldsymbol{h}_i^\ell = 1)$。

深度置信网络与 sigmoid 置信网络相似，但是在最高的两层有不同的参数化方式，如图 4.4 所示。

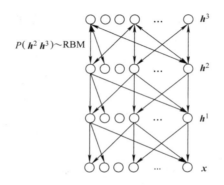

图 4.4 深度置信网络的图模型，观测向量为 $\boldsymbol{x}$，隐藏层为 $\boldsymbol{h}^1$，$\boldsymbol{h}^2$ 和 $\boldsymbol{h}^3$。符号如图 4.3 所示。这个结构与 sigmoid 置信网络相似，除了最高的两层之外。计算最高两层的联合分布 $P(\boldsymbol{h}^2,\boldsymbol{h}^3)$ 时，将可以被先验分解的 $P(\boldsymbol{h}^3)$ 替换为一个受限玻尔兹曼机。这是一个混合的模型，由于受限玻尔兹曼机是一个无向图模型而不是一个有向图模型，所以它的最高两层是双向边

$$P(\boldsymbol{x},\boldsymbol{h}^1,\cdots,\boldsymbol{h}^\ell) = P(\boldsymbol{h}^{\ell-1},\boldsymbol{h}^\ell)\left(\prod_{k=1}^{\ell-2} P(\boldsymbol{h}^k \mid \boldsymbol{h}^{k+1})\right) P(\boldsymbol{x}\mid\boldsymbol{h}^1) \qquad (4.5)$$

最高两层的联合分布称为受限玻尔兹曼机（RBM），如图 4.5 所示，它的推导和训练算法细节将在 5.3 节和 5.4 节分别介绍。深度置信网络相对于 sigmoid 置信网络的这一微小变化产生了一个不同的学习算法，利用这个概念可以一次训练一层，逐渐用后验概率 $P(\boldsymbol{h}^k\mid\boldsymbol{x})$ 去建立一个对原始输入更加抽象的表达。受限玻尔兹曼机的细节描述和对深度结构的逐层贪心训练算法会在后面的第 5 章和第 6 章介绍。

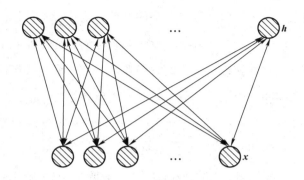

图 4.5 受限玻尔兹曼机（RBM）的无向图模型。它在同一层的单元之间没有连接，只是在输入（或可观测）单元 x_j 和隐藏单元 h_i 之间有连接，使得条件概率 $P(h|x)$ 和 $P(x|h)$ 可以被因式分解

4.5 卷积神经网络

在没有运用无监督学习做预训练之前，训练深度监督式神经网络通常非常难。不过有一个值得注意的例外——卷积神经网络（CNN）。这里的卷积操作的灵感来自视觉系统，特别是文献［83］中所提出的模型。第一个基于这种神经元的局部连接并针对图像进行分层组织和转换的计算模型是 Fukushima 的 Neocognitron[54] 系统。他发现，相同参数的神经元被作用于前层不同位置的子区域，会呈现出某种不变性。之后不久，LeCun 的研究团队基于相同的思路，设计并训练出基于误差梯度的卷积神经网络，并在许多模式识别任务上得到了业界最好的性能[101,104]。现代视觉系统生理学的认识与卷积神经网络对图像的处理方式显示出一致性[173]，这至少体现在对物体的快速识别上，也就是不考虑注意力和自顶向下反馈连接所造成的影响。目前，基于卷积神经网络的模式识别系统是业界性能最好的系统之一。比如在手写体识别[101]中它多年来一直是最好的模型⊖。

⊖ 也许确实持续太多年了。不过好消息是目前该领域正在发展更精致复杂的系统，并取得了更好的性能[108,99]。

相较于我们之前对训练深度神经网络的讨论，卷积神经网络[101,104,153,175] 显得特别有趣，因为它们通常会有 5 ~ 7 层，而这种配置在随机初始化的全连接多层神经网络的情况下是难以训练的。因此我们非常好奇，卷积神经网络结构中的什么特殊点带来了它在图像处理等任务中非常好的泛化性能。

LeCun 的卷积神经网络系统包含卷积和降采样两种类型的神经网络层。神经网络的每一层都有特定的"地貌结构"，具体来说，每个神经元都对应于输入图像中某个固定的二维位置及其接收域（即输入图像中会影响到神经元响应的区域范围）。在每层的每个位置上有许多不同的神经元，每个神经元的输入权重与一个前层的矩形小区域的神经元相关。对于相同一组权重，不同位置的神经元对应不同的输入矩形小区域。

一个未经证实的假想是这些神经元具有较小的扇入系数（每个神经元只有很少的输入连接），从而帮助梯度传播到更多的层上，而不会发生梯度弥散导致其失效。注意，单独这一点并不能充分解释卷积神经网络的成功，因为随机稀疏连接的深度神经网络也并不能取得较好的结果。不过，扇入的影响可能与从多条路径进行传播会让梯度逐渐变得分散的想法相一致，也就是说，对输出误差的奖励或惩罚会分布得非常广而且各个值非常小。另一个假想（未必排斥第一个假想）是，这种多层级的局部连接结构是一种非常强的先验。这种先验特别适用于视觉图像等任务，并且将整个神经网络的参数设定在非常有利的区域上（所有的未连接处等效于权重为 0）。从这些参数区域开始，梯度优化能够取得很好的效果。事实上，即使在第一层使用随机权重，卷积神经网络仍能取得很好的性能[151]。具体来说，它的结果要好于完全训练的全连接神经网络，但差于经过完全优化之后的卷积神经网络。

而最近，卷积结构被引入到了受限玻尔兹曼机[45]和深度置信网络[111]。文献[111] 中的重要创新是设计出了一个池化或降采样的生成模型版本。在报告的实验中这个方法效果不错。在 MNIST 数字识别和 Caltech - 101 物体分类基准上取得了目前最好的结果。除此之外，论文还对每层得到的特征（隐藏单元最可能表示的模式）进行了可视化，证实了多层级组合的概念。在这个深度结构中，层级从下往上，以一种自然的方式，依次表达了边缘，目标局部，再到整体目标。而这个概念正是当初使用深度结构的动因。

4.6　自动编码器

接下来讨论的一些深度结构（深度置信网络和堆叠自动编码器）采用了一种特定类型的神经网络作为其组成部分，这就是自动编码器，也被称为自联想模型，或者 Diabolo 网络[25,79,90,156,172]。我们将在第 5.4.3 节中讨论，自动编码器和受限玻尔兹曼机也有一定联系。对比散度算法使自动编码器的训练近似于受限玻尔兹曼机的训练。因为自动编码器的训练看上去比受限玻尔兹曼机的训练简易，它们被用来作为训练深度网络的基本模块。基本方法是将神经网络每一层与一个自动编码器关联并分开独立训练[17,99,153,195]。

训练一个自动编码器是为了把输入 x 编码为某种表示 $c(x)$，以便于输入可以从这种表示中进行重构。因此我们希望自动编码器的输出是输入本身。如果存在一个线性隐藏层，并且采用均方误差准则来训练这个网络，那么 k 个隐藏单元所学习到的，就是将输入向量投影到由数据空间的前 k 个主成分所张成的子空间[25]。如果隐层是非线性的，那么自动编码器便显得与主成分分析 PCA 不同：它将有能力捕获住输入分布的多模特性[90]。更理想的公式是把均方误差准则推广到重构的最大似然准则，也即负对数似然的最小化准则。给定编码 $c(x)$：

$$RE = -\log P(x|c(x)) \tag{4.6}$$

如果 $x|c(x)$ 是高斯的，那么上式等价于均方误差。如果输入 x_i 是一个二元变量或者被认为是二项分布的，那么代价函数为

$$-\log P(x \mid c(x)) = -\sum_i x_i \log f_i(c(x)) + (1 - x_i)\log(1 - f_i(c(x)))$$

$$\tag{4.7}$$

式中，$f(\cdot)$ 被称为解码器，并且 $f(c(x))$ 是网络产生的重构，在这个情形下应

该是一个值域在（0，1）之间的向量，例如 sigmoid 函数的输出。我们希望编码 $c(x)$ 是一个可以捕获数据中主要变化因素的分布式表示。因为 $c(x)$ 被视为 x 的一个有损的压缩，它不可能对所有的 x 都是一个很好的压缩（带有小的信息损失）。因此，我们不期望它能胜任所有输入的重构，而是通过学习，驱动它成为对训练样本的好的压缩方法，并且有希望对于其他输入也做得同样好（这正是自动编码器泛化的意义）。

这一方法的一大值得慎重考虑的问题是：如果不加其他限制，一个带有 n 维输入和至少 n 维的编码的自动编码器可能只学习到了一个将输入映射到自己的等值函数，这样编码的意义就不存在了。令人吃惊的是，实验测试的结果[17]表明，实际上，当我们使用随机梯度下降法，带有比输入更多的隐藏单元的（我们称之过完备的）非线性的自动编码器往往会产生非常有用的表示（"有用"是指在把该表示作为一个分类器的输入时，分类误差会较小）。一个简单的解释是基于这样的发现：带有提前终止的随机梯度下降类似于参数的 ℓ_2 正则化[211,36]。为了得到连续输入的完美重构，一个带有非线性隐藏单元的单隐层自动编码器在第一层需要非常小的权重（以此带来隐藏单元在其线性区域的非线性变化特性），而在第二层则需要非常大的权重。对于二值变量的输入，我们也需要非常大的权重来完成重构误差的最小化。隐式或显式的正则化使得产生带有很大权重的参数解非常困难，于是最优化算法只会寻得一个对训练样本表现良好的编码，而这正是我们希望看到的。这表明这个表示能挖掘训练集上的统计规律，而不是得到一个简单的恒等函数。

还有另一些方式也可以避免带有多于输入的隐藏单元的自动编码器学习得到一个恒等函数。并且用这些方法，我们依旧可以得到输入的有用的隐层表示。相比较于隐式或显式的权重正则化来约束编码，一大技巧就是在编码中增加一些干扰波动。这正是受限玻尔兹曼机所做的，我们将在之后展开。另外有一种已被发现非常成功的技巧[46,121,139,150,152,153]，是基于一种对编码的稀疏约束。有趣的是，通过这些方法被提高的权重与哺乳动物视觉系统的主要区域 V1 和 V2 之中的神经元接受域[110]的性质非常吻合。我们将在 7.1 节详细讨论稀疏性的问题。

　　尽管稀疏性和正则性减少了隐层的表示能力，并以此避免学习到恒等函数，但受限玻尔兹曼机还是可以有很大的模型容量，并且依旧不会学习到恒等变换。这是因为它不仅试图对输入进行编码，而且还通过采用近似方法最大化生成模型的似然度，找到了输入特征的统计结构。自动编码器中也有一些带有受限玻尔兹曼机性质的变种，它们被称为降噪自动编码器[195]。降噪自动编码器首先对输入特征进行随机有损的变换，之后训练模型使其最小化重构输入的误差。可以证明，这等价于最大化一个生成模型的对数似然度的下界。具体细节将在 7.2 节展开。

5

能量模型和玻尔兹曼机

深度置信网络是基于受限玻尔兹曼机的，而受限玻尔兹曼机是典型的能量模型。在本章我们将介绍一些主要的数学概念，这将有助于深刻理解能量模型，其中也包括著名的对比散度算法。

5.1　能量模型和专家乘积系统

能量模型将标量形式的能量值与目标变量的配置相关联[107,106,149]。学习指的是修改这个能量模型函数，使其形状满足所期望的性质。比如，一个可靠的理想变量配置应该具有较低的能量。基于能量的概率模型可以使用能量函数来定义概率分布，如下所示：

$$P(x) = \frac{e^{-Energy(x)}}{Z} \tag{5.1}$$

这里能量值取的是对数域。以上公式是指数族模型[29]的推广，指数族能量函数 $Energy(x)$ 具有 $\eta(\theta) \cdot \phi(x)$ 的形式。下面我们将会得到，给定一层时另一层的条件概率分布（如在 RBM 中），可以采用指数族分布中的任一形式[200]。尽管所有的概率分布都可以转换为能量模型，但对许多特别的概率分布而言（如指数族），推理和学习过程可以借助分布的特殊形式而得到简化。当然，也有一些学者研究针对能量模型学习问题的通用方法[84,106,149]。

归一化因子 Z 被称为配分函数，它是物理系统定义的推广，其定义如下：

$$Z = \sum_{x} e^{-Energy(x)} \tag{5.2}$$

这里如果 x 是离散的输入空间则进行求和，如果 x 是连续的输入空间则做积分。即使当 Z 上的求和或求积不存在时，也能定义能量模型（详见第 5.1.2 节）。

在专家乘积系统[69,70]公式中，能量函数是各个式子的求和，而每一项都与一个"专家" f_i 相联系：

$$\text{Energy}(x) = \sum_i f_i(x) \tag{5.3}$$

即

$$P(x) \propto \prod_i P_i(x) \propto \prod_i e^{-f_i(x)} \tag{5.4}$$

因此每一个专家 $P_i(x)$ 可以被认为是对不合理的 x 的配置的一个探测器，或相应地，是一个 x 上的约束。如果考虑下面这个特例，就更容易理解了：$f_i(x)$ 只能取两个值，一个（小值）表示约束被满足，另一个（大值）表示未被满足，这时，$P_i(x)$ 很明显只有两个检测结果可以输出。文献［69］解释了"专家乘积系统"相对于"混合专家模型"（Mixture of Experts）的优势。专家乘积系统使用了概率乘积替代了混合专家模型中的概率加权求和。为简化问题，这里假设每个"专家"对应于一个约束条件，其取值只能是"满足"或者"破坏"。那么在混合专家模型中，每个专家对应的约束条件就指明了数据所属于的特定区域，而这些区域与其他区域是互斥的。专家乘积系统则不同，其优势在于，一系列专家 $f_i(x)$ 组成了一个分布式表示：与混合专家模型中每个区域一个专家的空间划分方式不同，它根据所有可能的配置来划分空间（这里每个专家决定它的约束条件是否被破坏）。文献［69］给出了式（5.4）中对 $\log P(x)$ 求参数梯度的方法，这个方法是对比散度算法（5.4 节）的第一个实例[70]。

5.1.1 隐变量的引入

在许多情况下，x 有许多成分变量 x_i，并且我们没有同时观测到所有这些变量，或者是我们想引入一些未观测变量来增加模型的表达能力。因此，我们认为变量有观测部分（仍表示为 x），以及隐藏部分 h

$$P(x, h) = \frac{e^{-\text{Energy}(x, h)}}{Z} \tag{5.5}$$

同时由于只有 $\boldsymbol{x}$ 被观测到，所以我们关心的是边缘概率

$$P(\boldsymbol{x}) = \sum_{\boldsymbol{h}} \frac{e^{-\text{Energy}(\boldsymbol{x},\boldsymbol{h})}}{Z} \tag{5.6}$$

在这种情况下，为了将该形式推导至类似于式（5.1）的形式，我们引入"自由能"（Free Energy）（受物理学的启发），并定义如下：

$$P(\boldsymbol{x}) = \frac{e^{-\text{FreeEnergy}(\boldsymbol{x})}}{Z} \tag{5.7}$$

式中，$Z = \sum_{\boldsymbol{x}} e^{-\text{FreeEnergy}(\boldsymbol{x})}$，即

$$\text{FreeEnergy}(\boldsymbol{x}) = -\log \sum_{\boldsymbol{h}} e^{-\text{Energy}(\boldsymbol{x},\boldsymbol{h})} \tag{5.8}$$

因此，自由能就是一个对数域中进行边缘化的能量。于是数据的对数似然的梯度将会是一个有意思的形式。我们引入 θ 来表示模型的参数。从式（5.7），我们可以得到

$$\frac{\partial \log P(\boldsymbol{x})}{\partial \theta} = -\frac{\partial \text{FreeEnergy}(\boldsymbol{x})}{\partial \theta} + \frac{1}{Z} \sum_{\tilde{\boldsymbol{x}}} e^{-\text{FreeEnergy}(\tilde{\boldsymbol{x}})} \frac{\partial \text{FreeEnergy}(\tilde{\boldsymbol{x}})}{\partial \theta}$$

$$= -\frac{\partial \text{FreeEnergy}(\boldsymbol{x})}{\partial \theta} + \sum_{\tilde{\boldsymbol{x}}} P(\tilde{\boldsymbol{x}}) \frac{\partial \text{FreeEnergy}(\tilde{\boldsymbol{x}})}{\partial \theta} \tag{5.9}$$

所以，在训练集上平均的对数似然梯度为

$$E_{\hat{P}}\left[\frac{\partial \log P(\boldsymbol{x})}{\partial \theta}\right] = -E_{\hat{P}}\left[\frac{\partial \text{FreeEnergy}(\boldsymbol{x})}{\partial \theta}\right] + E_{P}\left[\frac{\partial \text{FreeEnergy}(\boldsymbol{x})}{\partial \theta}\right] \tag{5.10}$$

这里在 $\boldsymbol{x}$ 上做期望运算，$\hat{P}$ 表示训练集的实际分布，E_{P} 表示在分布 P 下的期望。如果我们能对 P 进行采样，并计算其自由能，我们就能应用蒙特卡罗算法来得到对数似然梯度的随机估计值。

如果能量可以被表示为一组求和式，式中的每一项至多与一个隐藏节点相关，如下所示：

$$\text{Energy}(\boldsymbol{x},\boldsymbol{h}) = -\beta(\boldsymbol{x}) + \sum_{i} \gamma_i(\boldsymbol{x},\boldsymbol{h}_i) \tag{5.11}$$

这也是受限玻尔兹曼机情况下满足的条件，那么自由能以及似然度的分子部分都可以被精确计算得到（即使这里的求和是对指数级个式子进行的）：

$$P(\boldsymbol{x}) = \frac{1}{Z}e^{-\text{FreeEnergy}(\boldsymbol{x})} = \frac{1}{Z}\sum_{\boldsymbol{h}} e^{-\text{Energy}(\boldsymbol{x},\boldsymbol{h})}$$

$$= \frac{1}{Z} \sum_{\boldsymbol{h}_1} \sum_{\boldsymbol{h}_2} \cdots \sum_{\boldsymbol{h}_k} \mathrm{e}^{\beta(\boldsymbol{x})} - \sum_i \gamma_i(\boldsymbol{x}, \boldsymbol{h}_i)$$

$$= \frac{1}{Z} \sum_{\boldsymbol{h}_1} \sum_{\boldsymbol{h}_2} \cdots \sum_{\boldsymbol{h}_k} \mathrm{e}^{\beta(\boldsymbol{x})} \prod_i \mathrm{e}^{-\gamma_i(\boldsymbol{x}, \boldsymbol{h}_i)}$$

$$= \frac{\mathrm{e}^{\beta(\boldsymbol{x})}}{Z} \sum_{\boldsymbol{h}_1} \mathrm{e}^{-\gamma_1(\boldsymbol{x}, \boldsymbol{h}_1)} \sum_{\boldsymbol{h}_2} \mathrm{e}^{-\gamma_2(\boldsymbol{x}, \boldsymbol{h}_2)} \cdots \sum_{\boldsymbol{h}_k} \mathrm{e}^{-\gamma_k(\boldsymbol{x}, \boldsymbol{h}_k)}$$

$$= \frac{\mathrm{e}^{\beta(\boldsymbol{x})}}{Z} \prod_i \sum_{\boldsymbol{h}_i} \mathrm{e}^{-\gamma_i(\boldsymbol{x}, \boldsymbol{h}_i)} \tag{5.12}$$

式中，$\sum_{\boldsymbol{h}_i}$ 是对 $\boldsymbol{h}_i$ 所有可能取值的求和（比如，在通常的二值化取值的例子里面，可取 0 和 1 两个值）。请注意，该求和比 $\sum_{\boldsymbol{h}}$ 这个对 $\boldsymbol{h}$ 所有值的求和要容易许多。同时如果 $\boldsymbol{h}$ 是连续的，所有的求和将被积分代替，而其他原理相同。在许多我们所感兴趣的情况下，对单个隐层节点值的求和或积分是容易求得的。对于似然度的分子部分（也即自由能部分），在上述例子中可以精确计算，其中 $\mathrm{Energy}(\boldsymbol{x}, \boldsymbol{h}) = -\beta(\boldsymbol{x}) + \sum_i \gamma_i(\boldsymbol{x}, \boldsymbol{h}_i)$，同时

$$\mathrm{FreeEnergy}(\boldsymbol{x}) = -\log P(\boldsymbol{x}) - \log Z = -\beta(\boldsymbol{x}) - \sum_i \log \sum_{\boldsymbol{h}_i} \mathrm{e}^{-\gamma_i(\boldsymbol{x}, \boldsymbol{h}_i)} \tag{5.13}$$

5.1.2　条件能量模型

虽然计算配分函数通常比较困难，但是如果我们的最终目标是在给定 $\boldsymbol{x}$ 情况下对变量 y 做决策，而不是考虑所有可能的 $(\boldsymbol{x}, y)$ 配置，那么仅考虑对每个给定的 $\boldsymbol{x}$ 下的 y 配置即可。通常情况是 y 只能在一个小的有限离散集合中取值，那么

$$P(y \mid \boldsymbol{x}) = \frac{\mathrm{e}^{-\mathrm{Energy}(\boldsymbol{x}, y)}}{\sum_y \mathrm{e}^{-\mathrm{Energy}(\boldsymbol{x}, y)}} \tag{5.14}$$

在这种情况下，能量函数的条件对数似然度对参数的梯度值可以被高效的计算出来。这一公式可以应用于受限玻尔兹曼机模型的一个鉴别型模型的变种——鉴别性限制玻尔兹曼机[97]。这种条件能量模型也被运用到一系列基于神经网络的概率语言模型中[15,16,130,169,170,171,207]。上述公式（更一般的情况是：配分函数中各项的取值可以很容易求和或者取极大值）在早期已经得到详尽的研

究[37,106,107,149,153]。后面工作中一个重要且有意思的性质是，这种能量模型不仅可以针对对数似然度去做优化，也可以采用更一般的准则计算梯度，使得正确响应的能量下降的同时，其他竞争性响应的能量却是增加的。这类能量函数并不一定会产生概率模型（因为这种负的能量函数的指数并不一定需要可积），但它们会生成一个给定 x 下选择 y 的函数，而这往往正是应用程序的终极目标。当然，当 y 具有有限取值可能时，$P(y|x)$ 总是能够计算，因为能量函数只需要在所有可能的 y 取值下被归一化就可以了。

5.2   玻尔兹曼机

玻尔兹曼机是包含隐变量的能量模型的一种特殊形式，而受限玻尔兹曼机是其特殊形式，它的 $P(h|x)$ 和 $P(x|h)$ 都可求，因为它们是可以分解的。在玻尔兹曼机[1,76,77]中，能量函数通常是一个二阶多项式：

$$\text{Energy}(x,h) = -b'x - c'h - h'Wx - x'Ux - h'Vh \qquad (5.15)$$

式子里包含了两类参数，我们将它们统称为 θ：偏置 b_i 和 c_i 是一类，分别对应向量 x 或 h 中的某一个元素，另一类是权重 W_{ij}，U_{ij} 和 V_{ij}，每个对应于一对单元节点（表示节点之间的关系）。矩阵 U 和 V 通常是对称矩阵⊖，且多数情况下对角线为零。采用非零的对角线则会产生其他变种，比如，高斯分布而非二项式分布的情况[200]。

由于上式中 h 中的元素存在二次交叉项，如式（5.12）这样解析地计算自由能的方法在这里并不适用。然而，MCMC（蒙特卡罗马尔可夫链[4]）采样方法可以用在这里，得到一个对梯度的随机估计器。对数似然度的梯度可以由式（5.6）表示如下：

⊖ 比如，如果 U 非对称，那么将浪费额外的自由度，因为 $x_i U_{ij} x_j + x_j U_{ji} x_i$ 可以被写作

$x_i(U_{ij} + U_{ji})x_j = \dfrac{1}{2}x_i(U_{ij} + U_{ji})x_j + \dfrac{1}{2}x_j(U_{ij} + U_{ji})x_i$，也即被表示为对称矩阵的形式。

$$\frac{\partial \log P(\boldsymbol{x})}{\partial \theta} = \frac{\partial \log \sum\limits_{h} e^{-\mathrm{Energy}(\boldsymbol{x},\boldsymbol{h})}}{\partial \theta} - \frac{\partial \log \sum\limits_{\tilde{x},h} e^{-\mathrm{Energy}(\tilde{\boldsymbol{x}},\boldsymbol{h})}}{\partial \theta}$$

$$= - \frac{1}{\sum\limits_{h} e^{-\mathrm{Energy}(\boldsymbol{x},\boldsymbol{h})}} \sum_{h} e^{-\mathrm{Energy}(\boldsymbol{x},\boldsymbol{h})} \frac{\partial \mathrm{Energy}(\boldsymbol{x},\boldsymbol{h})}{\partial \theta} +$$

$$\frac{1}{\sum\limits_{\tilde{x},h} e^{-\mathrm{Energy}(\tilde{\boldsymbol{x}},\boldsymbol{h})}} \sum_{\tilde{x},h} e^{-\mathrm{Energy}(\tilde{\boldsymbol{x}},\boldsymbol{h})} \frac{\partial \mathrm{Energy}(\tilde{\boldsymbol{x}},\boldsymbol{h})}{\partial \theta} \qquad (5.16)$$

$$= - \sum_{h} P(\boldsymbol{h}|\boldsymbol{x}) \frac{\partial \mathrm{Energy}(\boldsymbol{x},\boldsymbol{h})}{\partial \theta} + \sum_{\tilde{x},h} P(\tilde{\boldsymbol{x}},\boldsymbol{h}) \frac{\partial \mathrm{Energy}(\tilde{\boldsymbol{x}},\boldsymbol{h})}{\partial \theta}$$

请注意，$\partial \mathrm{Energy}(\boldsymbol{x},\boldsymbol{h})/\partial \theta$ 是很容易计算的。因此如果我们有采样 $P(\boldsymbol{h}|\boldsymbol{x})$ 和 $P(\boldsymbol{x},\boldsymbol{h})$ 的方法，我们就能得到针对对数似然度的无偏估计值。文献 [1，76，77] 中介绍了以下的方法：

在"正相阶段"，$\boldsymbol{x}$ 被指定为输入的观测向量，那么我们给定 $\boldsymbol{x}$，对 $\boldsymbol{h}$ 采样；在"负相阶段"，理想情况下 $\boldsymbol{x}$ 和 $\boldsymbol{h}$ 都从模型本身采样。一般情况下只有近似采样可以求得，比如采用迭代步骤构建一个 MCMC。文献 [1，76，77] 中介绍的 MCMC 采样方法基于吉布斯采样[4,57]。N 个随机变量 $\boldsymbol{S} = (S_1,S_2,\cdots,S_N)$ 的联合吉布斯采样是通过 N 个形式为

$$S_i \sim P(S_i|\boldsymbol{S}_{-i} = \boldsymbol{s}_{-i}) \qquad (5.17)$$

的序列采样子步骤来完成的。其中 $\boldsymbol{S}_{-i}$ 包含了 $\boldsymbol{S}$ 中除了 S_i 之外的 $N-1$ 个其他随机变量。经过这 N 个采样步骤后，这条链的一次采样就完成了，提供了 $\boldsymbol{S}$ 的一个采样数据点，而当采样次数接近 ∞，在一定条件下其分布将收敛于 $P(\boldsymbol{S})$。有限状态马尔可夫链可收敛的一个充分条件是它的非周期性⊖以及不可约性⊖。

我们应该怎样在玻尔兹曼机中进行吉布斯采样呢？$\boldsymbol{s} = (\boldsymbol{x},\boldsymbol{h})$ 表示玻尔兹曼机中的所有单元，$\boldsymbol{s}_{-i}$ 表示除第 i 个单元之外的其他所有单元的值的集合。玻尔兹

⊖ 非周期性：给定周期 $k>1$，没有任何状态是有周期的。这里一个状态有周期 k 是指，当且仅当经过 $t+k$，$t+2k$ 等时刻，这个状态能转移到它本身。

⊖ 不可约性：一个状态经过有限次数后可以以非零概率到达任意状态。

曼机的能量函数可以改写为将所有参数放在一个向量 $\boldsymbol{d}$ 和一个对称矩阵 $\boldsymbol{A}$ 中，

$$\text{Energy}(s) = -\boldsymbol{d}'s - s'\boldsymbol{A}s \tag{5.18}$$

令 $\boldsymbol{d}_{-i}$ 表示除去元素 d_i 之后的向量 $\boldsymbol{d}$，$\boldsymbol{A}_{-i}$ 表示去除了第 i 行和第 i 列之后的矩阵 $\boldsymbol{A}$，$\boldsymbol{a}_{-i}$ 表示去除了第 i 个元素的 $\boldsymbol{A}$ 中的第 i 个行向量（或列向量）。使用这样的标记，我们就能得到在玻尔兹曼机中比较容易进行计算和采样的概率分布 $P(s_i | \boldsymbol{s}_{-i})$。比如，如果 $s_i \in \{0, 1\}$ 以及 $\boldsymbol{A}$ 的对角线为空：

$$
\begin{aligned}
P(s_i = 1 | \boldsymbol{s}_{-i}) &= \frac{\exp(d_i + \boldsymbol{d}'_{-i}\boldsymbol{s}_{-i} + 2\boldsymbol{a}'_{-i}\boldsymbol{s}_{-i} + \boldsymbol{s}'_{-i}\boldsymbol{A}_{-i}\boldsymbol{s}_{-i})}{\exp(d_i + \boldsymbol{d}'_{-i}\boldsymbol{s}_{-i} + 2\boldsymbol{a}'_{-i}\boldsymbol{s}_{-i} + \boldsymbol{s}'_{-i}\boldsymbol{A}_{-i}\boldsymbol{s}_{-i})} \\
&\quad + \exp(\boldsymbol{d}'_{-i}\boldsymbol{s}_{-i} + \boldsymbol{s}'_{-i}\boldsymbol{A}_{-i}\boldsymbol{s}_{-i}) \\
&= \frac{\exp(d_i + 2\boldsymbol{a}'_{-i}\boldsymbol{s}_{-i})}{\exp(d_i + 2\boldsymbol{a}'_{-i}\boldsymbol{s}_{-i}) + 1} = \frac{1}{1 + \exp(-d_i - 2\boldsymbol{a}'_{-i}\boldsymbol{s}_{-i})} \\
&= \text{sigm}(d_i + 2\boldsymbol{a}'_{-i}\boldsymbol{s}_{-i})
\end{aligned}
\tag{5.19}
$$

在人工神经网络中，以上公式本质上就是用其他神经元 $\boldsymbol{s}_{-i}$ 来计算某神经元输出的常见形式。

因为每个 x 样本都需要两组 MCMC 链（一组为正相阶段，一组为负相阶段），计算梯度的开销非常大，导致训练时间很长。这是本质上为什么玻尔兹曼机在 20 世纪 80 年代被多层神经网络的反向传播算法所取代的原因，而后者相应成为主流的学习方法。但是，最近有研究表明短链有时可以被成功应用，这也是运用对比散度方法来训练受限玻尔兹曼机的主要原理，将在 5.4 节进行讨论。值得注意的是负相阶段链并不需要针对每个样本 x 重新计算（因为这不依赖于训练数据），这一现象在持续性 MCMC 估计器中得到了利用[161,187]，并将在第 5.4.2 节进行讨论。

5.3　受限玻尔兹曼机

受限玻尔兹曼机是深度置信网络的基本组成模块。它与深度置信网络的各个层间共享参数，同时也具有高效的学习训练算法。图 4.5 中给出的是一个受限玻尔兹曼机的无向图模型，在已知 x 的条件下 h_i 相互独立，在已知 $\boldsymbol{h}$ 的条件时候

x_j 相互独立。在受限玻尔兹曼机中，式（5.15）中 $U = 0$ 且 $V = 0$，即只有隐藏层和可视层的层间有连接，而层的内部没有连接。这种形式的模型最先被称作"风琴模型"（Harmonium）[178]，相关的学习算法（不仅是玻尔兹曼机）在如下文献[51]中有相似讨论。近年来，一些经过实验验证的高效学习算法也被不断提出来，可参见文献[31，70，200]。

由于输入节点与输入节点、隐藏节点与隐藏节点之间无连接，RBM 的能量函数是双线性的，即

$$\text{Energy}(\boldsymbol{x}, \boldsymbol{h}) = -\boldsymbol{b}'\boldsymbol{x} - \boldsymbol{c}'\boldsymbol{h} - \boldsymbol{h}'\boldsymbol{W}\boldsymbol{x} \tag{5.20}$$

式（5.11）和式（5.13）可以用 $\beta(\boldsymbol{x}) = \boldsymbol{b}'\boldsymbol{x}$ 和 $\gamma_i(\boldsymbol{x}, h_i) = -h_i(c_i + \boldsymbol{W}_i\boldsymbol{x})$ 替换，对输入的自由能进行因式分解。其中，$\boldsymbol{W}_i$ 表示向量 $\boldsymbol{W}$ 的第 i 行。因此，对于输入的自由能（即，它的非归一化对数域的概率）可以这样有效地计算：

$$\text{FreeEnergy}(\boldsymbol{x}) = -\boldsymbol{b}'\boldsymbol{x} - \sum_i \log \sum_{h_i} e^{h_i(c_i + \boldsymbol{W}_i\boldsymbol{x})} \tag{5.21}$$

由于 $\text{Energy}(\boldsymbol{x}, \boldsymbol{h})$ 包含关于 $\boldsymbol{h}$ 的仿射形式，使用与式（5.12）中相同的因式分解技巧，我们很容易得到条件概率 $P(\boldsymbol{x}|\boldsymbol{h})$

$$P(\boldsymbol{h}|\boldsymbol{x}) = \frac{\exp(\boldsymbol{b}'\boldsymbol{x} + \boldsymbol{c}'\boldsymbol{h} + \boldsymbol{h}'\boldsymbol{W}\boldsymbol{x})}{\sum_{\tilde{h}} \exp(\boldsymbol{b}'\boldsymbol{x} + \boldsymbol{c}'\tilde{\boldsymbol{h}} + \tilde{\boldsymbol{h}}'\boldsymbol{W}\boldsymbol{x})}$$

$$= \frac{\prod_i \exp(c_i h_i + h_i \boldsymbol{W}_i\boldsymbol{x})}{\prod_i \sum_{\tilde{h}_i} \exp(c_i \tilde{h}_i + \tilde{h}_i \boldsymbol{W}_i\boldsymbol{x})}$$

$$= \prod_i \frac{\exp(h_i(c_i + \boldsymbol{W}_i\boldsymbol{x}))}{\sum_{\tilde{h}_i} \exp(\tilde{h}_i(c_i + \boldsymbol{W}_i\boldsymbol{x}))}$$

$$= \prod_i P(h_i|\boldsymbol{x})$$

在大多数情况下，$h_i \in \{0, 1\}$，于是，给定一个神经元的输入，我们可以给出一般的计算神经元输出的公式：

$$P(h_i = 1|\boldsymbol{x}) = \frac{e^{c_i + \boldsymbol{W}_i\boldsymbol{x}}}{1 + e^{c_i + \boldsymbol{W}_i\boldsymbol{x}}} = \text{sigm}(c_i + \boldsymbol{W}_i\boldsymbol{x}) \tag{5.22}$$

由于在能量函数中 x 和 h 的角色是对等的，我们可以用类似的推导方法，有效地计算和采样 $P(x|h)$

$$P(x|h) = \prod_i P(x_i|h) \tag{5.23}$$

在二值情况下，

$$P(x_j = 1|h) = \text{sigm}(b_j + W'_j h) \tag{5.24}$$

其中 W_j 是 W 的第 j 列。

在文献［73］中，对于二项式输入单元，假设它们是二值事件的概率，可将它们用于对输入图像中的像素灰度级进行编码。在手写字符图像的情况下，这种近似效果很好，但在其他情况下，并没有很好的效果。在文献［17］中的实验，描述了当输入是连续值时，使用高斯输入单元而不是二项式单元的优势。文献［200］中给出了一个通用公式，其中 x 和 h 在给定另一个变量时，可以是任何指数族分布（离散的和连续的）。

尽管受限玻尔兹曼机可能无法有效地表示一些能用非受限玻尔兹曼机紧凑地表示的分布，但如果使用足够的隐藏单位，受限玻尔兹曼机可以表示任何离散的分布[51,102]。此外，可以证明，除非受限玻尔兹曼机已经完美的表达了训练数据的分布，增加隐层单元（并适当地选择其权重和偏移）总是可以提高对数似然度[102]。

如图 3.2 所示，受限玻尔兹曼机也可以理解为构建多重聚类（参见第 3.2 节）。每个隐藏单元创建输入空间两区域的分区（具有线性的分隔）。当考虑三个隐藏单元的配置时，存在三个半平面可能产生对应的八个交叉（每次从某个隐藏单元进行线性分离所得到的两个半平面中选取一个，三个隐藏单元即有八种组合）。这八个交叉每一个都对应于输入空间中的一个区域，这个区域具有与它们相同的隐藏配置（即编码）。因此，隐藏单元的二值化设置，可以标识输入空间中的一个区域。对于某个区域中的所有 x，给出相应的 h 配置，$P(h|x)$ 是最大的。需要注意的是，并非隐藏单元的所有配置都对应于输入空间中的非空区域。如图 3.2 所示，该隐藏单元的表示与一组二叉树的集成器的效果类似。

我们可以把在受限玻尔兹曼机中所有可能的隐藏层配置上求和看作一种带着

指数级部件的加权概率混合模型（相对于隐藏单元和参数的数目）：

$$P(\boldsymbol{x}) = \sum_{\boldsymbol{h}} P(\boldsymbol{x}|\boldsymbol{h})P(\boldsymbol{h}) \qquad (5.25)$$

式中，$P(\boldsymbol{x}|\boldsymbol{h})$ 是与配置 $\boldsymbol{h}$ 对应的组分的概率模型。例如，如果 $P(\boldsymbol{x}|\boldsymbol{h})$ 被选择为高斯（参见文献［200，17］），当 $\boldsymbol{h}$ 具有 n 个比特时，这是具有 2^n 个组分的混合高斯模型。当然，这些 2^n 个组分的参数不能独立地调整，因为它们之间具有共享关系（受限玻尔兹曼机的参数）。并且这也是该模型的优势，因为它可以推广到训练样本中没出现过的配置（输入空间的区域）中去。我们可以看到，与组分 $\boldsymbol{h}$ 相关联的高斯均值（在高斯情况下）是线性组合 $\boldsymbol{b} + \boldsymbol{Wh}$，即每个隐藏单元位 $\boldsymbol{h}_i$ 贡献了均值中的向量 $\boldsymbol{W}_i$。

5.3.1 受限玻尔兹曼机中的吉布斯采样

从受限玻尔兹曼机中采样是很有用的，这是由于：一是它在学习算法上很有用，可以获得对数似然的梯度；二是，分析从模型生成的样本有助于了解模型是否获得了数据分布的信息。由于在深度置信网络的最上方的两层是受限玻尔兹曼机，从受限玻尔兹曼机中采样使得我们能从深度置信网络中采样，这将在 6.1 节中详述。

在全连接的玻尔兹曼机中进行吉布斯采样是很慢的，因为网络中有多少个节点吉布斯链就需要多少步。而受限玻尔兹曼机则享有因式分解带来的两个好处：首先，我们不需要在正相阶段采样，因为自由能（和它的梯度）可以借助解析的方法计算导出；第二，$(\boldsymbol{x}, \boldsymbol{h})$ 中的变量集合可以通过吉布斯链的每个步骤中的两个子步骤采样得到。首先我们在给定 $\boldsymbol{x}$ 的条件下采样 $\boldsymbol{h}$，之后通过在给定 $\boldsymbol{h}$ 的条件下采样新的 $\boldsymbol{x}$。在通常的专家乘积系统中，可以用混合蒙特卡罗方法来代替吉布斯采样[48,136]。这里的混合蒙特卡罗是 MCMC 的一种，在这个方法中，马尔可夫链的每一步含有许多自由能梯度计算的子步骤。因而，受限玻尔兹曼机结构是专家乘积系统的一个特例：在式（5.21）中，$\log \sum_{h_i} e^{(c_i + W_i x)h_i}$ 的第 i 项对应一个"专家"，即每个隐藏层单元都对应一个专家，同时每个输入偏置也对应一个专家。这样特别的结构使得吉布斯采样非常高效。下面展示了从一个训练样本开始（即从 $\hat{P}$ 中采样）如何进行到吉布斯采样的第 k 步：

$$x_1 \sim \hat{P}(\boldsymbol{x})$$
$$h_1 \sim P(\boldsymbol{h}|x_1)$$
$$x_2 \sim P(\boldsymbol{x}|h_1)$$
$$h_2 \sim P(\boldsymbol{h}|x_2)$$
$$\vdots$$
$$x_{k+1} \sim P(\boldsymbol{x}|h_k)$$

(5.26)

从训练样本开始这个链是有道理的，因为随着模型变得更加擅长捕捉训练数据中的结构，模型分布 P 和训练分布 $\hat{P}$ 也变得更相似（两者拥有类似的统计量）。注意，如果我们从模型分布 P 本身开始，它将收敛在第一步，所以从 $\hat{P}$ 开始是一个好的方式，从而确保只走必要的几步就可以收敛。

5.4 对比散度

对比散度是一种用来逼近对数似然梯度的方法。我们发现它是训练受限玻尔兹曼机时的一种成功的参数更新法则[31]。该算法的伪代码参见算法 1，其中针对二值的输入和隐藏单元的情况下使用了特定的条件分布公式。

5.4.1 对比散度的算法讨论

为了构造这个算法，首先做出的一个近似是，用一个样本代替所有可能输入（式（5.10）中的第二项）的平均值。由于经常更新参数（例如，采用一个样本的随机梯度下降更新或者使用若干训练样本的小批量块梯度更新），所以在多次连续参数更新的过程中就已经完成了某种意义上取平均的操作（这种方式在文献［105］中已经显示了较好的效果）。另外，随着连续的参数更新，在线梯度更新的过程中可以部分的消除使用一次或多次的 MCMC 采样而不是整体加和所带来的额外系统方差。虽然会因梯度的这种近似引入附加的方差，但它与在线梯度下降所引起的方差相比是差不多的（或者更小），因而，引入这样的附加方差也不会有太大的副作用。

　　运行一个步长较长的 MCMC 链代价仍然是很高的。这里需要做另外一个近似：使用一个简单的 k 步对比散度算法（CD－k）[69,70]。它在梯度中引入了某种偏差：从观测到的样本开始 $x_1 = x$ 进行 k 步的 MCMC 采样 x_1，x_2，$\cdots$，x_{k+1}。在观测到 x 后，CD－k 的更新（不是对数似然梯度），可以得到

$$\Delta\theta \propto \frac{\partial \text{FreeEnergy}(\boldsymbol{x})}{\partial \theta} - \frac{\partial \text{FreeEnergy}(\tilde{\boldsymbol{x}})}{\partial \theta} \tag{5.27}$$

式中，$\tilde{x} = x_{k+1}$ 是马尔可夫链中经过 k 步之后，最后一个采样的得到的样本。我们知道，当 $k \to \infty$，这个偏差将会消失。我们还发现，当模型的分布与经验分布非常接近时，即 $P \approx \hat{P}$，当从 x 开始启动马尔可夫链（x 是从 $\hat{P}$ 中得到的样本）时，MCMC 就已经收敛了。我们只需要走一步就可以得到 P 的一个无偏的采样样本（尽管它与 x 相关）。

　　一个令人惊讶的经验结果是，即使 $k = 1$（CD－1）也通常有一个很好的结果。文献［31］给出了 CD－k 和精确的对数似然梯度两种方法的详尽数值。在这些实验中，虽然取 $k > 1$ 能得到更精确的结果，但就算 $k = 1$ 也通常可以获得非常好的近似解。在第 5.4.3 节中给出的理论结果[12]，有助于我们理解为什么 k 取值

算法 1

```
RBMupdate (x₁, ϵ, W, b, c)
```

这是受限玻尔兹曼机的更新程序，单元的取值是二值的，也可以很容易推广到其他取值的情况。

x_1 是受限玻尔兹曼机从训练数据的分布中采样得到的一个样本。

ϵ 是对比散度算法中随机梯度下降的学习率。

W 是受限玻尔兹曼机的权值矩阵，它的维度由隐藏单元数量或输入单元数量决定。

b 是输入单元的偏置。

c 是隐藏单元的偏置。

注意：$Q(\boldsymbol{h}_2 = 1 | x_2)$ 是一个向量，它的元素是 $Q(h_{2i} = 1 | x_2)$

for all 隐藏单元 i do

- 计算 $Q(h_{1i} = 1 | x_1)$（对于二值单元，$\text{sigm}(c_i + \sum_j W_{ij} x_{1j})$）

- 从 $Q(h_{1i} | x_1)$ 中采样 $h_{1i} \in \{0, 1\}$

end for

for all 可视单元 j do

- 计算 $P(x_{2j} = 1 | h_1)$（对于二值单元，$\text{sigm}(b_j + \sum_i W_{ij} h_{1i})$）

- 从 $P(x_{2j} = 1 | h_1)$ 中采样 $x_{2j} \in \{0, 1\}$

end for

for all 隐藏单元 i do

- 计算 $Q(h_{2i} = 1 | x_2)$（对于二值单元，$\text{sigm}(c_i + \sum_j W_{ij} x_{2j})$）

end for

- $\boldsymbol{W} \leftarrow \boldsymbol{W} + \epsilon(h_1 x_1' - Q(\boldsymbol{h}_2 = 1 | x_2) x_2')$

- $\boldsymbol{b} \leftarrow \boldsymbol{b} + \epsilon(x_1 - x_2)$

- $\boldsymbol{c} \leftarrow \boldsymbol{c} + \epsilon(h_1 - Q(\boldsymbol{h}_2 = 1 | x_2))$

很小的时候也可以是有效的：$CD-k$ 对应于保持收敛到对数似然梯度的前 k 个项。

一种解释对比散度的方式是：它在近似训练样本点 x_1 附近的对数似然梯度。采用 $\tilde{x} = x_{k+1}$（对于 $CD-k$）的随机重采样是一个给定 x_1 的分布，其在某种意义上以 x_1 为中心，并且随着 k 增加而变得更加扩散，直至成为模型的分布。$CD-k$ 更新会降低训练样本点 x_1 的自由能（这意味着如果所有其他的自由能保持恒定，它的似然度将增加），并且在 x_1 附近的邻域中增加 $\tilde{x}$ 的自由能。值得注意的是，

$\tilde{x}$ 在 x_1 的邻域内，但同时它更可能在模型的高概率区域内（特别是 k 更大时）。正如文献［106］所指出的，对于能量模型，训练算法最需要的是，使观察到的输入的能量（自由能，即边缘化隐藏变量）更小，转移能量到其余区域，特别是在低能量的区域。对比散度算法由两种情况下统计数据的对比度推动进行。一种来自真实的训练样本，另一种来自马尔可夫链的采样。正如将在下一节进一步阐述的那样，我们可以将无监督学习问题看成是找到这样一个决策表面：它可以将高概率区域（其存在许多观测到的训练样本）与其余区域粗略地分开。因此，当模型产生的样本在决策面的错误一侧时，我们会给予一定的惩罚。进一步，确认决策面应该朝哪个方向移动的有效方式，是将真实的训练样本与来自模型采样的样本进行比较。

5.4.2 对比散度的替代算法

在受限玻尔兹曼机的学习算法的研究中，令人兴奋的最新进展是将所谓的持续性蒙特卡罗马尔可夫链应用于负向阶段[161,187]，而这个进展采用了之前已经在文献［135］中提出的方法。具体想法很简单：保持一个背景 MCMC 链 $\cdots x_t \to h_t \to x_{t+1} \to h_{t+1} \cdots$ 来获得负向阶段的样本（应该来自模型）。与在 CD $-k$ 中进行的短链不同，这里所做的近似是：忽略沿着 MCMC 链移动时参数是不断变化的这一事实，即与传统的玻尔兹曼机学习算法不同，对于参数的每个值并不构造独立的马尔可夫链。可能由于参数移动缓慢，这种近似的效果很好，通常会产生比 CD $-k$ 更高的对数似然度（实验针对 $k=1$ 和 $k=10$）。CD -1 折衷的办法是方差较大，但均值偏差较小。另外一个有趣的现象[188]是：模型会系统性地远离负向阶段中获得的样本，并且这个现象与马尔可夫链本身相互作用，会防止它在相同区域停留时间过长，从而大大提高了马尔可夫链的混合速率。这是一个非常理想和之前不可预见的效果，有助于更快地探索受限玻尔兹曼机的配置空间。

另外一个对比散度的替代算法是评分匹配[84~86]，这是一种用来处理能量易计算但归一化项不易计算的能量模型的通用方法。概率密度函数 $p(x) = q(x)/Z$ 的评分函数是 $\psi = (\partial \log p(x))/\partial x$，显然这个评分函数不依赖于概率密度函数中的归一化项，也即：$\psi = (\partial \log q(\boldsymbol{x}))/\partial \boldsymbol{x}$。基本的算法思想是使模型分布的评分函数和经验分布的评分函数相匹配。两评分函数差值的二次方范数的加权平均值（在经验密度下）可以写成模型的评分函数的二次方项和二阶导数$(\partial^2 \log q(\boldsymbol{x}))/\partial \boldsymbol{x}^2$ 的形式。评分函数匹配已经被证明是局部一致的[84]，即如果模型族的假设与数据生成过程一致的话，它将会收敛。这种方法已经被用于图像和音频数据[94]的无监督模型之中。

5.4.3 吉布斯链模型中的对数似然梯度截断

本小节我们将从不同的角度考察对比散度算法，对其做适当推广，以及探索它和重构误差的联系。重构误差经常用来衡量这一算法的性能，也经常用来优化训练自动编码器（见式（4.6））。我们的工作基于下面两个启发：第一个启发是（在 8.1 节有详述），吉布斯链可以看作无限的有向图模型（这里利用了对数似然梯度的展开式）；二是，吉布斯链的收敛性保证了对比散度方法是合理的（因为当吉布斯链的采样 $\boldsymbol{x}$ 来自于模型的概率分布时，式（5.27）的期望与式（5.9）相同）。尤其让我们感兴趣需要搞清楚的是：与真实的对数似然梯度相比，对比散度方法得到的梯度有多少偏差。

考虑一个收敛的马尔可夫链 $x_t \Rightarrow h_t \Rightarrow x_{t+1} \Rightarrow \cdots$，它的转移矩阵由一系列的条件概率分布 $P(h_t|x_t)$ 和 $P(x_{t+1}|h_t)$ 所确定，初始的 x_1 采样于训练数据的经验概率分布。接下来的定理（出自文献［12］）将告诉我们，当 $t \geqslant 1$ 时，对数似然梯度可以如何展开。

定理 5.1 考虑一个收敛的吉布斯链 $x_1 \Rightarrow h_1 \Rightarrow x_2 \Rightarrow h_2 \cdots$，它的起始状态 x_1 是数据集中的一个样本点。我们可以把对数似然梯度展开为

$$\frac{\partial \log P(x_1)}{\partial \theta} = -\frac{\partial \mathrm{FreeEnergy}(x_1)}{\partial \theta} + E\left[\frac{\partial \mathrm{FreeEnergy}(x_t)}{\partial \theta}\right] +$$

$$E\left[\frac{\partial \log P(x_t)}{\partial \theta}\right] \tag{5.28}$$

式中的最后一项将随 t 增大到无穷而收敛到零。

因为式中的最后一项将随着 t 的增大而变得足够小，所以在马尔可夫链的第

k 步做截断的如下近似是合理的：

$$\frac{\partial \log P(x_1)}{\partial \theta} \approx -\frac{\partial \mathrm{FreeEnergy}(x_1)}{\partial \theta} + E\left[\frac{\partial \mathrm{FreeEnergy}(x_{k+1})}{\partial \theta}\right]$$

只要我们把其中期望用一次采样 $\tilde{x} = x_{k+1}$ 代替，就正是前面的 $\mathrm{CD} - k$ 算法（式（5.27））。这告诉我们 $\mathrm{CD} - k$ 算法的绝对误差是 $E[(\partial \log P(x_{k+1})/\partial \theta)]$。通过理论和实践的双重检验，我们可以知道 $\mathrm{CD} - k$ 会比 $\mathrm{CD} - (k-1)$ 有更快更好的收敛性，因为它的绝对误差会更小（尽管这要付出更多的计算代价，也许不是很值得）。尽管 $\mathrm{CD} - k$ 的偏差在 k 比较小的时候确实会很大，但是经验说明，$\mathrm{CD} - k$ 算法仍然可以在大部分情况下与对数似然梯度算法在相同的象限空间中更新模型参数。就算 $k = 1$，我们依然可以得到好结果。直觉上我们可以这样理解这一现象：当输入的样本 x_1 被用来初始化马尔可夫链，即使是马尔可夫链里的第一步（到 x_2）也在从 x_1 出发走向一个正确的方向，也就是说，大致沿着从 x_1 的能量降低的方向走。因为梯度取决于从 x_2 到 x_1 的改变，我们一般会得到一个正确的梯度方向。

所以 $\mathrm{CD} - 1$ 算法意味着在两次采样后截断的吉布斯链（一次采样通过 $h_1 \mid x_1$，一次采样通过 $x_2 \mid h_1$）。那如果我们在第一次采样（也就是 $h_1 \mid x_1$）后就截断呢？我们可以用如下的对数似然梯度的展开式[12]来分析：

$$\frac{\partial \log P(x_1)}{\partial \theta} = E\left[\frac{\partial \log P(x_1 \mid h_1)}{\partial \theta}\right] - E\left[\frac{\partial \log P(h_1)}{\partial \theta}\right] \tag{5.29}$$

如果我们对第一个期望做平均场近似，把 h_1 替换为 $\hat{h}_1 = E[h_1 \mid x_1]$，而不是对所有根据 $P(h_1 \mid x_1)$ 生成的 h_1 做平均，这样就有

$$E\left[\frac{\partial \log P(x_1 \mid h_1)}{\partial \theta}\right] \approx \frac{\partial \log P(x_1 \mid \hat{h}_1)}{\partial \theta} \tag{5.30}$$

如果我们就像在 CD 算法中一样，忽略式（5.29）中的第二个期望（对估算对数似然梯度造成一个额外的偏差），把式（5.30）的右边直接当作更新的方向，即负的重构误差的梯度

$$-\log P(x_1 \mid \hat{h}_1)$$

常常用来训练自动编码器（见式（4.6），$c(x) = E[h|x]$）[⊖]。

至此我们发现了截断的吉布斯链与重构误差、对比散度算法之间的联系。如果对吉布斯链做一阶近似（一次采样），就与重构误差基本相似（桥梁就是一个有偏的平均场估计）；如果再做稍微好一点的近似（二次采样），就是 CD - 1 算法（通过一个采样来近似期望）；如果用更多项来做近似，就是 CD - k 算法（仍然使用采样来近似期望）。请注意，重构误差可以被确定地计算并且与对数似然度相关，这就是为什么在用对比散度算法训练 RBM时，我们用它来跟踪进度。

5.4.4　把模型生成的样本看作负例

在这一小节，我们认为能量模型的训练可以通过解决一系列分类问题来实现。在这些分类问题中，我们竭力区别真实的训练数据样本和模型生成的样本。在玻尔兹曼机学习算法和对比散度算法中，一个重要的元素是从模型中采样的能力。这里的采样可能是近似的。文献［201］提出了一种漂亮的方法，来理解这些样本在改善对数似然度中的价值。我们先不那么正式地解释一下这个想法，再将它形式化，并通过将训练数据样本与模型生成样本进行分类的准则来训练一个生成模型的方法进行验证。

最大似然算法希望在训练数据集上有比较高的似然度，而在其他数据上表现比较低。如果我们已经有一个模型并且希望去提升这个模型的似然度，那么将模型的高概率区域和训练集样本所在的区域进行比较会告诉我们应该怎样更新模型。如果我们可以通过一个决策面近似地分离训练样本和模型样本，那么我们可以减小决策面一侧的能量函数（那一侧有更多的训练样本）并且增加另一边的能量函数（有更多的生成样本），以此来提升模型的似然度。从数学角度看，考虑如式（5.10）所示的对 FreeEnergy(x) 的参数（或者在不引入隐藏变量的时候，

⊖　当用式（5.30）的平均场近似计算梯度时，是否应考虑 $\hat{h}_1$ 是否依赖于 θ，还存在一定的争论，但是很显然它与自动编码器有联系。

对 Energy($\boldsymbol{x}$)的参数）的对数似然函数的梯度。假定已有一个高度正则化的二元概率分类器，它将区分真实分布 $\hat{P}(\boldsymbol{x})$ 下的训练样本与模型分布 $P(\boldsymbol{x})$ 下的生成样本，而且产生一个非常接近 $\frac{1}{2}$ 的概率 $q(\boldsymbol{x}) = P(y=1|\boldsymbol{x})$（希望正确的一边多一些）。令 $q(\boldsymbol{x}) = \text{sigm}(-a(\boldsymbol{x}))$，在这里，$-a(\boldsymbol{x})$ 是一个判别函数，或者是一个未归一化的条件对数概率，就像自由能。记 $(\boldsymbol{x},y)$ 的经验分布为 $\tilde{P}$，$\tilde{P}_i$ 为当 $y=i$ 时的 $\boldsymbol{x}$ 的分布。假设 $\tilde{P}(y=1) = \tilde{P}(y=0) = 1/2$，那就有 $\forall f$，$E_{\tilde{P}}[f(\boldsymbol{x},y)] = E_{\tilde{P}_1}[f(\boldsymbol{x},1)]\tilde{P}(y=1) + E_{\tilde{P}_0}[f(\boldsymbol{x},0)]\tilde{P}(y=0) = \frac{1}{2}(E_{\tilde{P}_1}[f(\boldsymbol{x},1)] + E_{\tilde{P}_0}[f(\boldsymbol{x},0)])$。

利用这个结论，概率分类器的平均条件对数似然梯度可以写为

$$
\begin{aligned}
E_{\tilde{P}}\left[\frac{\partial \log P(y|\boldsymbol{x})}{\partial \theta}\right] &= E_{\tilde{P}}\left[\frac{\partial(y\log q(\boldsymbol{x}) + (1-y)\log(1-q(\boldsymbol{x})))}{\partial \theta}\right] \\
&= \frac{1}{2}\left(E_{\tilde{P}_1}\left[(q(\boldsymbol{x})-1)\frac{\partial a(\boldsymbol{x})}{\partial \theta}\right] + E_{\tilde{P}_0}\left[q(\boldsymbol{x})\frac{\partial a(\boldsymbol{x})}{\partial \theta}\right]\right) \quad (5.31) \\
&\approx \frac{1}{4}\left(-E_{\tilde{P}_1}\left[\frac{\partial a(\boldsymbol{x})}{\partial \theta}\right] + E_{\tilde{P}_0}\left[\frac{\partial a(\boldsymbol{x})}{\partial \theta}\right]\right)
\end{aligned}
$$

其中最后一条等式是因为这个分类器高度正则化：当输出的权重很小的时候，$a(\boldsymbol{x})$ 接近 0 且 $q(\boldsymbol{x}) \approx 1/2$，所以 $(1-q(\boldsymbol{x})) \approx q(\boldsymbol{x})$。当我们把服从 $\tilde{P}_1$ 的训练样本视作正例（$y=1$）（也就是说，$\tilde{P}_1 = \hat{P}$），把模型生成的样本看作负例（$y=0$，也就是说 $\tilde{P}_0 = P$），这个对数似然梯度的表达式也就是我们通过能量模型得到的自由能的形式的表达式（式（5.10））。它的梯度也类似于我们在对比散度算法中得到的那个估计（式（5.27））。一个理解这个结论的方法是，如果我们能够提升分类器分离训练样本和生成样本的性能，我们可以通过增加在训练样本上的概率来提升模型的对数似然度。实际中，这可以用一个分类器做到。这里，分类器的判别函数定义为一个生成模型的自由能（取决于乘性因子）并且假设我们能从模型中（近似地）采样。这个想法的一个变种已被用来验证一种类似助推算法（Boosting）的增量算法，这种算法的目的是为专家乘积系统增加专家[201]。

6

深层结构的逐层贪心训练

6.1 深度置信网络的逐层训练

一个有 ℓ 层深度置信网络[73]的可观测向量 $\boldsymbol{x}$ 和 ℓ 个隐层的 $\boldsymbol{h}^k$ 联合概率分布如下：

$$P(\boldsymbol{x}, \boldsymbol{h}^1, \cdots, \boldsymbol{h}^\ell) = \Big(\prod_{k=0}^{\ell-2} P(\boldsymbol{h}^k | \boldsymbol{h}^{k+1})\Big) P(\boldsymbol{h}^{\ell-1}, \boldsymbol{h}^\ell) \tag{6.1}$$

这里 $\boldsymbol{x} = \boldsymbol{h}^0$，$P(\boldsymbol{h}^{k-1}|\boldsymbol{h}^k)$ 是受限玻尔兹曼机中给定隐藏层时的可视层的条件分布，深度置信网络中第 k 层与这个受限玻尔兹曼机相对应。$P(\boldsymbol{h}^{\ell-1}, \boldsymbol{h}^\ell)$ 是在深度置信网络中顶层的受限玻尔兹曼机的联合概率分布，如图 6.1 所示。

条件概率分布 $P(\boldsymbol{h}^k|\boldsymbol{h}^{k+1})$ 和顶层（一个受限玻尔兹曼机）的联合概率分布 $P(\boldsymbol{h}^{\ell-1}, \boldsymbol{h}^\ell)$ 定义了深度置信网络这样一个生成模型。接下来，引入 Q 来表达模型的精确的或近似的后验概率，Q 会在推理和训练中使用。除了顶层以外，其他层的后验概率 Q 都是近似结果。由于 $(\boldsymbol{h}^\ell, \boldsymbol{h}^{\ell-1})$ 形成一个受限玻尔兹曼机，顶层的 $Q(\boldsymbol{h}^\ell|\boldsymbol{h}^{\ell-1})$ 等于真实的 $P(\boldsymbol{h}^\ell|\boldsymbol{h}^{\ell-1})$，这里精确的推理是可行的。

当使用算法 2 中的伪代码所描述的方法逐层贪心来训练深度置信网络时，每一层都需要按照受限玻尔兹曼机的方法初始化。我们记 $Q(\boldsymbol{h}^k, \boldsymbol{h}^{k-1})$ 为第 k 个按照如此方法训练的受限玻尔兹曼机，$P(\cdots)$ 代表基于深度

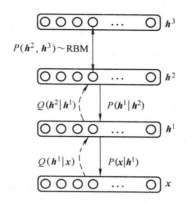

图 6.1　深度置信网络是一个生成模型（从 P 分布中生成，对应图中实线）且被用于提取输入数据的高层抽象表示（从 Q 分布中提取，对应图中虚线）。其顶层的受限玻尔兹曼机包含 $\boldsymbol{h}^2$ 和 $\boldsymbol{h}^3$ 两层（为了得到其联合分布）。底层组成了一个有向图模型（sigmoid 置信网络 $\boldsymbol{h}^2 \Rightarrow \boldsymbol{h}^1 \Rightarrow \boldsymbol{x}$），同时倒数第二层 $\boldsymbol{h}^2$ 的先验由顶层的受限玻尔兹曼机提供。$Q(\boldsymbol{h}^{k+1}|\boldsymbol{h}^k)$ 是 $P(\boldsymbol{h}^{k+1}|\boldsymbol{h}^k)$ 的近似，它更易于计算

算法 2

`TrainUnsupervisedDBN` ($\hat{P}$, ϵ, ℓ, $\boldsymbol{W}$, $\boldsymbol{b}$, $\boldsymbol{c}$, `mean _ field _ compu-tation`)

用非监督的逐层贪心方法训练一个深度置信网络，其每一层用受限玻尔兹曼机的训练方法进行训练（例如采用对比散度算法）。

$\hat{P}$ 是网络的输入的训练数据的概率分布。

ϵ 是受限玻尔兹曼机的学习率。

ℓ 是训练的层数。

$\boldsymbol{W}^k$ 是第 k 层的权重矩阵，其中 k 可取 1 到 ℓ 间的数值。

$\boldsymbol{b}^k$ 是第 k 层的受限玻尔兹曼机可见单元的偏置向量，其中 k 可取 1 到 ℓ 间的数值。

$\boldsymbol{c}^k$ 是 k 层的受限玻尔兹曼机隐层单元的偏置向量，其中 k 可取 1 到 ℓ 间的数值。

mean＿field＿computation 是一个布尔值，当且仅当其上各层的训练数据是由平均场方法近似得到而非随机采样得到时，其为真。

for $k = 1$ to ℓ do

- 初始化 $W^k = 0$，$b^k = 0$，$c^k = 0$

while 尚未满足终止条件 do

- 从 $\hat{P}$ 中采样得到 $h^0 = x$

for $i = 1$ to $k - 1$ do

if mean＿field＿computation then

- 对所有 h^i 中的元素 j，令 $Q(h^i_j = 1 | h^{i-1})$ 为 h^i_j

else

- 对所有 h^i 中的元素 j，从 $Q(h^i_j | h^{i-1})$ 中采样得到 h^i_j

end if

end for

- 受限玻尔兹曼机更新（h^{k-1}，ϵ，W^k，b^k，c^k）｛至此，提供了后续使用的 $Q(h^k | h^{k-1})$｝

end while

end for

置信网络的概率。因为计算 $Q(h^k | h^{k-1})$（它是可因式分解的）和从中采样都很容易实现，而 $P(h^k | h^{k-1})$（由于它不可分解）却很难实现，所以我们用 $Q(h^k | h^{k-1})$ 来近似 $P(h^k | h^{k-1})$。这些 $Q(h^k | h^{k-1})$ 同样可以用来建立对输入向量 x 的表示。为了得到对所有层的一个近似后验或表示，我们进行下面的操作。首先从第一层受限玻尔兹曼机中采样得到 $h^1 \sim Q(h^1 | x)$，或者通过平均场方法，用 $\hat{h}^1 = E[h^1 | x]$ 而不是从 h^1 中采样，这样得到的期望值是基于受限玻尔兹曼机的概率分布 $Q(h^1 | x)$ 的。这个向量在隐层单元是通常的二项式形式（即

$h_i^1 = \text{sigm}(b^1 + W_i^1 x))$ 时，就恰好是隐层单元的输出概率向量。在第一层采取不论是平均场得到的向量 $\hat{h}^1$ 还是采样得到的 h^1，都作为第二层受限玻尔兹曼机的输入，然后计算 $\hat{h}^2$ 或者采样得到采样 h^2，重复此步骤直到最后一层。一旦一个深度置信网络按照算法 2 被训练，每一层的参数 W^i（受限玻尔兹曼机的权重）和 c^i（受限玻尔兹曼机的隐层的偏置）可被用来初始化一个深度多层神经网络。这些参数可以在之后用其他的准则函数（一般为一个监督学习的准则）来进行精调。

一个基于 x 的深度置信网络生成模型的采样可按照如下方法得到：

1. 从顶部的受限玻尔兹曼机中采样出一个可见的向量 $h^{\ell-1}$。可以采取如章节 5.3.1 中提到的方法，通过对这个受限玻尔兹曼机用吉布斯链的方法对 $h^{\ell} \sim P(h^{\ell}|h^{\ell-1})$ 和 $h^{\ell-1} \sim P(h^{\ell-1}|h^{\ell})$ 进行轮流采样来近似得到。通过前述的 Q 后验分布，从一个训练集合的样本得到 $h^{\ell-1}$ 的表示并以此初始化吉布斯链可以使得吉布斯采样的步数变得更少。

2. 对 k 取从 $\ell-1$ 到 1 的值，在给定 h^k 的情况下，基于隐藏层到可见层的条件概率分布 $P(h^{k-1}|h^k)$ 进行采样，得到 h^{k-1}。

3. $x = h^0$ 即为深度置信网络的样本。

6.2 堆叠自动编码器训练

自动编码器也可以作为初始化多层深度神经网络的一个基本模块[17,99,153,195]。它的训练过程与深度置信网络的训练过程很类似：

1. 将第一层训练为一个自动编码器，去最小化原始输入的重构误差。这是完全无监督的过程。

2. 自动编码器隐层单元的输出（即生成的编码），现在被用作另外一层的输入，而这一层也被继续训练成一个自动编码器。同样，我们只需要没有标注的样本。

3. 迭代 2 中的步骤来初始化所需要的其余层。

4. 将最后一层的输出作为一个有监督层的输入，这个有监督层可以随机初始化，也可以在固定网络其他层的情况下，用有监督训练来初始化。

5. 利用有监督的准则去微调这个深层结构的所有参数。另一种方案是，将所有自动编码器展开成一个深层的自动编码器并且微调深层网络全局的重构错误，一如文献［75］中一样。

我们希望在逐层贪心的无监督预训练过程中，将所有层的参数调整到一个用局部梯度能够到达的好$\ominus$的局部最优的参数空间中去。这也的确在一些任务上有所体现[17,99,153,195]。

这个准则和之前训练深度置信网络相类似，只是用了自动解码器而不是受限玻尔兹曼机。对比实验结果表明，深度置信网络比堆叠自动编码器要好[17,99,195]。这可能是因为，$CD-k$ 更接近对数似然梯度，而不是重构误差的梯度。然而，由于重构误差的梯度比起 $CD-k$ 有更小的方差（因为不涉及采样），将两个准则至少在学习最初阶段混合使用会很有意义。还需注意的是，将常规自动解码器用降噪自动编码器代替，深度置信网络的优势将会消失（见 7.2 节）。

使用自动编码器而非受限玻尔兹曼机来构建深层结构的优势在于，只要训练的准则在参数上是连续的，那么所有层的几乎任何参数化方法都是可能的。另一方面，应用了对比散度算法或是其他已知的易处理的对数似然梯度估计方法的概率模型的种类是很有限的。堆叠自动编码器的劣势在于，它们不对应于一个生成模型。对生成模型而言，如受限玻尔兹曼机或是深度置信网络，从模型中抽取样本可以很快检验它学习到了什么，例如，通过观察图片或单词序列可以知道模型认为哪些图片和单词序列是合理的。

$\ominus$　至少在泛化的意义上很好。

6.3 半监督与部分监督训练

利用深度置信网络和堆叠自动编码器，可以获得两种不同的训练信号，也可以将它们组合运用。这两种训练信号分别是：局部的逐层无监督训练信号（由逐层连接的 RBM 或者自动编码器获得）和一个全局的有监督训练信号（由与深度置信网络或者堆叠自动编码器共享同样的参数的深度神经网络获得）。在前面介绍的算法中，这两种训练信号是按顺序使用的：首先是无监督训练阶段，然后是有监督训练进行精调的阶段。其他的组合方法也是可以的。

一个可行的方法是在训练中组合使用这两种信号，这种方式在文献［17］中被称为部分监督训练（Partially Supervised Training）。文献［17］发现即使当真实的输入信号的分布 $P(X)$ 与监督训练目标 $P(Y|X)$ 没有很强的关联时，这种部分监督训练仍然很有用。为了确保受限玻尔兹曼机可以在它的隐层表示中保留与 Y 相关的信息，在对比散度算法的更新时结合了分类对数概率梯度，这样对于有些分布可以获得更好的预测效果。

特别是在深度结构大背景下，一个有吸引力的半监督学习的推广，是"自我学习"[109,148]。在这种学习方法里，无标签的样本也有可能来自除了有标签类别之外的其他类别。这比标准的半监督场景更符合实际情况。举个例子，即使我们只对一些特定的目标类别感兴趣，我们也更容易从网络上获得任意目标的无标签样本（在挑选那些我们所关注的类别时会花费很多精力）。

7

受限玻尔兹曼机和自动编码器的变体

这章我们讨论一些模型的变体。这些变体是由基本的受限玻尔兹曼机和自动编码器扩展和改进而来的。

我们已经提到，对受限玻尔兹曼机中可视单元和隐藏单元的条件概率分布进行推广是一件很直接的事情，比如说可以将其推广至指数函数族中的任意一个函数[200]。高斯单元、指数单元和截断指数单元已经在文献［17，51，99，201］中被提出或使用。通过简单地对 h_i 和 x_i 求和（或者积分）的作用域进行改变，本章中的公式可以很容易的应用到相应的情况中。对角线上的二次项（比如高斯分布或者截断高斯分布的情况）也可以在不影响自由能的因式分解特性的情况下加入能量函数。

7.1 自动编码器和受限玻尔兹曼机的稀疏化表示

稀疏化在近期成为一个引人关注的概念，不仅是在机器学习领域，还有统计和信号处理领域，特别是在压缩感知相关的一些工作中受到了重视[30,47]。但它最早是在计算神经科学中引入的，用于对视觉系统进行稀疏编码[139]。现今它已经成为深度卷积网络的一个关键部分，这种深层卷积网络的构建使用了基于稀疏分布式表示的自动编码器的一种变体[121,150,151,152,153]。同时稀疏化也是深度置信网络的关键部分[110]。

7.1.1 为什么需要稀疏化表示

从信息论的角度来看，稀疏表示比固定长度表示更加有效，因为它的有效表示位数是随着样本的变化而变化的。根据统计学习理论[193,117]，我们用来编码整个训练集合的比特数应该小于整个训练集合的比特数，以此来得到好的泛化能力。在我们感兴趣的领域中，压缩不同的样本时需要用不同的位数来表示。

从另外一方面来看，降维算法，不管是线性的主成分分析（PCA）和独立成分分析（ICA），亦或非线性的局部线性嵌入算法（LLE）和等距映射算法（Isomap），把每一个样本映射到了相同的低维空间。根据第一段的阐述，把每个样本映射到不同的低维空间会更加有效。为了简化描述，不妨假设映射后样本的表示是取值仅为 0 和 1 的向量。如果我们需要把每个样本映射到固定长度的表示，一个好的方案是选择拥有足够的自由度，从而能表示绝大多数样本；同时在大多数样本上，允许把这个定长的表示压缩到更短的变长表示。现在我们有了两种表示方法，固定长度表示：可以用来作为预测和决策的输入；更加短小的变长表示：可以根据某种规则从固定长度表示中压缩得到。比如，如果固定长度表示的向量的每一维都有高概率为 0（稀疏条件），那么在大多数情况下会很容易压缩这类向量。对于某个固定稀疏程度的稀疏向量，其所有配置的数目远远小于更小的稀疏程度（甚至没有）的向量的配置数目，所以稀疏编码的熵更小。

另一个支持稀疏化的论据是，固定长度的表示将被用来作为后续处理步骤的输入，所以它们应该容易被解释。一个高度压缩的编码往往更加的耦合，所以在不考虑整个编码的情况下，这种编码中的某一些比特很难被解释。相反，我们可以期望固定长度的稀疏表示，具有每一个比特或者一些比特的集合可以被解释的性质，也就是能够反映输入的一些有意义的性质，或抓住导致数据变化的因素。以输入的语音信号为例，如果某一些比特编码了说话人的特征，其余一些比特编码了音素产生时的通用特征，我们就能够分离开数据中表示不同特征的部分，同时对于特定的预测工作来说，数据的部分特征可能已经是足够的。

文献［150］基于自动编码器的模型提出了另一种解释稀疏化正确性的方式。它解释了在配分函数没有被明确的最小化或者只是被近似的最小化的情况下，只要我们用特定的约束条件（如稀疏化）去约束学习算法得到的向量表示，我们也有可能获得一个好的模型。假定由自动编码器学到的表示是稀疏的。那么因为稀疏表示的配置数目必须少于稠密表示的配置数目，自动编码器无法很好地重构每一个可能的输入样式。为了在训练集上最小化平均重构误差，自动编码器需要找到能够抓住数据分布的统计学特性。

首先，文献［150］将自由能与一种重构误差建立了联系（当对隐藏单元的求和用求最大值代替的时候，这种联系就建立起来了）。因此在训练集上最小化重构误差等价于最小化自由能，也就是最大化能量模型似然度的分子（参见式(5.7)）。因为分母（配分函数）就是分子在所有可能的输入配置上的加和，所以最大化似然就等同于在所有可能输入的配置中使得大多数配置的重构误差尽量大，而在训练集上的配置的重构误差尽量小。如果编码器（它把一个输入映射成它的某种表示）被某种方式约束，使得它不能很好地表示所有可能的输入样式（即平均重构误差在这些可能的输入配置上很高），就可以实现上述的优化需求。注意这在编码长度比输入小很多的情况下已经可以做到。另一个方法就是引入一种稀疏惩罚[150]，它可以被合并到训练准则中。这种方法下，对应于配分函数的对数的梯度项就可以完全被省略，而被对隐藏层单元编码的稀疏正则项所代替。有趣的是，这种方法可以潜在地改善 $CD-k$ 受限玻尔兹曼机的训练。$CD-k$ 训练采用近似方法来估计配分函数的对数的梯度，如果我们对隐藏层表示加入稀疏惩罚项，我们就可能补偿这种近似带来的损失。补偿的原理就是尽可能增大所有可能的输入配置的自由能，而不仅是增大那些输入样本附近的，由对比散度算法的负向阶段重构产生的样本的自由能。

7.1.2 稀疏化自动编码器和稀疏编码

有多种途径可以在隐藏层表示中施加一定形式的稀疏化。第一个成功在深层结构中应用稀疏化表示的例子是自动编码器[153]。稀疏化是用一种叫作稀疏化逻辑回归（Sparsifying Logistic）的方式实现的，编码是由一种近饱和逻辑回归（Nearly Saturating Logistic）得到的。其中，通过自适应的更新它的偏置项（bias）可以保证编码明显非 0 的平均次数维持在很低的水平。一年后，这个研究小组又提出一种更简单的算法变体：在编码时利用 student $-t$ 先验分布的方法。在过去，student $-t$ 先验一直用于获取编码的最大后验估计（MAP）的稀疏性。该编码用于在计算神经科学中的 V1 视觉皮层模型中产生输入。另外一种方法也与计算神经科学相关，该方法包含两层稀疏化受限玻尔兹曼机[110]。稀疏化是通过加正则项的方式实现的，该正则项惩罚来自固定低层隐藏单元的激活值期望的偏差。而文献［139］已经显示图像稀疏编码的一层与 V1 层所见非常相似。文献［110］发现当训练一个稀疏化的深度置信网络（即两个稀疏化的受限玻尔兹曼机在彼此的顶部）的时候，第二层表现出能够去学习如何探测视觉特征，一如在 V2 视觉皮层区域（即在灵长类动物的主要处理流程链中，V1 视觉皮层之后的区域）中观测到的一样。

在压缩感知中，稀疏化是在编码中施加 l_1 惩罚实现的，即给定基矩阵 W（W 的每一列是一个基）我们是要找到这样的编码 h，使得输入 x 以较小的 l_2 误差被重建，同时 h 是稀疏的，即

$$\min_{h} \parallel x - Wh \parallel_2^2 + \lambda \parallel h \parallel_1 \tag{7.1}$$

式中，$\parallel h \parallel_1 = \sum_i |h_i|$。$h$ 中的非 0 分量的实际数目实质上应该由 l_0 范数给定，但在 l_0 范数下最小化上式是非常困难的。同时，l_1 范数就是 p 范数的一个特例，也是凸的，这使得式（7.1）的整体最小化是凸优化问题。正如文献［30，47］中所提到的，l_1 范数是 l_0 范数的很好的替代，自然也导致了稀疏化的结果。同时，在某些条件下，它甚至可以准确地恢复真正的稀疏编码（如果确实有一个解存在的话）。需要注意的是，虽然 l_1 惩罚项对应拉普拉斯先验概率，并且后验在 0 处并没有质点，但由于上述性质，后验的众数（Mode）（当最小化式（7.1）时会得到）却通常为 0。尽管最小化式（7.1）是凸优化问题，但对编码和解码的基矩阵 W 进行联合最小化却并不是一个凸优化问题。尽管如此，诸多论文也提出了不同的算法成功地解决编解码联合优化问题[46,58,116,121,139,148]。

与有向图模型（例如第 4.4 节提到的 sigmoid 置信网络）类似，稀疏编码也表现出了某种解释消除（Explaining Away）现象：它在众多隐藏层编码中仅选择

一个配置去解释输入。这些不同的配置相互间是竞争关系，当选择一个时，其他配置被完全关闭。这有好处也有坏处。好处是，如果一个事件比其他概率更大，那么它就是我们所想强调的。坏处就是，这使得最终编码一定程度上不稳定，输入 x 的一个微小波动，会使得最优化的编码 h 的值大相径庭。当把 h 作为输入去学习更高层的变换或分类器时，这种不稳定性将会引起麻烦。事实上，如果相似的输入却在稀疏编码层导致非常不同的输出，这会使得模型的泛化更加困难。这也是一些研究者一直试图解决的缺点。尽管我们可以有效的优化式（7.1），但它与采用常规的自动编码器和受限玻尔兹曼机来计算编码相比，仍然要慢上百倍，这导致训练和识别过程都非常的慢。

另一个与稳定性相关的问题是，如何对深度结构中的高层基矩阵 W 进行联合优化。从精细调整编码使其专注在信号最具有区分度的方面的目标上看，这个特别重要。正如第 9.1.2 节所提到的，当用判别性准则去精调深度结构的所有层时，可以显著改进识别错误。原则上，可以通过编码的优化来计算梯度。但是如果优化的结果不稳定，则梯度可能不存在或者在计算上不可靠。为了解决稳定性问题和上述的精调问题，文献［6］提出用更柔和的近似代替 l_1 惩罚，其只是近似地产生稀疏系数（即许多非常小的系数，实际上没有收敛到 0）。

需要牢记的是，稀疏自动编码器和稀疏受限玻尔兹曼机并不具有以下几个稀疏编码的问题：编码在推断过程中的计算复杂性、编码的稳定性以及深度结构中全局精调时第一层梯度计算的开销。稀疏编码系统只将解码器进行了参数化，而编码器则被隐式地定义为优化问题的解。然而，常规自动编码器或者一个受限玻尔兹曼机都有一个编码部分（即计算 $P(h|x)$）和一个解码部分（即计算 $P(x|h)$）。在一系列关于稀疏自编码器的文献［150，151，152，153］中，提出了介于普通自动编码器和稀疏编码器之间的中间结构，应用于模式识别和机器视觉任务。文献中提出，让编码 h 不受约束（如在稀疏编码算法中），但仍然包含一个参数化的编码器（如在普通自动编码器和受限玻尔兹曼机中）以及一个惩罚项。这里惩罚项惩罚的是自由的非参数化的编码 h

和参数化编码器的输出之间的差异。通过这种方式，最优的编码 h 要满足两个目标：一是重构好输入（如同在稀疏编码中的做法），二是与编码器的输出的差异较小（由于编码器的参数化的结构很简单，输出应该是稳定的）。在实验中，编码器就是仿射变换之后做一个像 sigmoid 那样的非线性转换，解码器则和稀疏编码一样是线性的。实验指出，所得到的编码在深层结构的中表现得很好（利用有监督方法做精调）[150]，同时比稀疏编码[92]更加稳定（例如，对于输入图像的轻微扰动更稳定）。

7.2 降噪自动编码器

降噪自动编码器[195]是一种随机版本的自动编码器，其输入在原输入的基础上进行一些随机污染（添加噪声），但是仍使用未经改变的原始输入作为重构的目标。直观上，降噪自动编码器在完成两件事情：对输入进行编码（保留输入的信息）和恢复输入中被随机污染的部分。只有当抓住输入中的统计依赖，我们才有可能完成第二件事情。实际上，在文章［195］中，随机污染会将输入中的某些值设置为 0（达到一半的数值）。因此，对随机选择的缺失模式的子集，降噪自动编码器尝试使用那些未缺失的值来预测那些缺失的值。降噪自动编码器的训练准则表现为如下重构的对数似然度：

$$-\log P(\boldsymbol{x} \,|\, c(\tilde{\boldsymbol{x}}))\tag{7.2}$$

这里 $\boldsymbol{x}$ 是未污染的输入，$\tilde{\boldsymbol{x}}$ 是随机污染后的输入，$c(\tilde{\boldsymbol{x}})$ 是对 $\tilde{\boldsymbol{x}}$ 的编码。因此解码器的输出可视为上述分布（未污染的输入上的分布）的参数。文献［195］的实验中，这个分布是可分解而且是二值的（每个像素一个比特），输入像素点的强度可解释为概率。值得注意的是，降噪自动编码器的循环版本早在文献［174］中就被提出，其中使用一种堵塞的形式来污染数据（将图片中某一矩形区域设置为 0）。实际上，使用自动编码器来降噪的方法在更早之前就已经被提出[103,55]。在文献［195］中主要的创新点在于，其展示了这种策略如何成功应用于深度结构的无监督预训练中可以取得很好的效果，而且它将降噪自动编码器与生成模型联系起来。

考虑一个随机的 d 维向量 X，S 是一个有 k 个索引的集合，$X_S = (X_{S_1}, X_{S_2}, \cdots, X_{S_k})$ 是使用 S 挑选出来的子集，而且 X_{-S} 表示所有不在 S 中的元素。我们已经知道，在某些不同的 S 选择的情况下，条件分布 $P(X_S | X_{-S})$ 可以很好地描述联合分布 $P(X)$ 的特征，这种特性已经被使用起来，例如在吉布斯采样中就有使用。值得注意的是，当 $|S| = 1$ 而且输入中的某些维度对完全相关时，一些不好的事情就会发生：即使输入的联合分布没有被真正抓住，我们依旧能做出很好的预测。这对应一条没有混合的吉布斯链（换句话说，没有收敛）。通过采用随机大小的子集 S 以及坚持重构出完整的原始输入，降噪自动编码器中可能避免这些问题。

有趣的是，在 8 种计算机视觉任务的一系列实验比较中，如果叠加降噪自动编码器来搭建深度结构，并使用有监督准则进行精调，其泛化性能要明显优于叠加常规自动编码器所搭建的深度结构，并且其性能可以与深度置信网络相当甚至更优[195]。

降噪自动编码器的一个有趣的特性是其相当于一个生成模型。它的训练准则是生成模型对数似然度的一种边界情况。在文献［195］中讨论了多种生成模型。一个简单的生成模型是半参数的：取样一个训练样本，随机污染它，使用编码函数来获得该样本的隐藏表示，再使用解码函数对隐藏表示进行解码（即获得输入概率分布的参数），接着由此来取样一个样本。这种方法需要一直保留训练集（就像非参数化密度模型一样），很多情况下难以满足。文献［195］中也探究了其他可能的生成模型。

降噪自动编码器的另一个有趣的特性是，它很自然地适用于存在缺损的数值或者多模态数据（对于任何特定样本，总有一个多模态子集是可以获得的）。这是由于降噪自动编码器在训练的过程中使用的就是存在缺损的数据（这些缺损总是随机的隐藏了输入中的某些值）。

7.3 层内连接

　　通过在可见层节点之间添加相互作用项或者层内连接，可以减少受限玻尔兹曼机受限制的程度。从 $P(h|x)$ 中取样 h 是很简单的，但从 $P(x|h)$ 中取样 x 通常来说难度很大，等同于从马尔可夫随机场（一种完全可观测的玻尔兹曼机）中取样，其中偏移值取决于 h 的值。文献［141］中提出了一种可以抓住图片中统计规律的模型，其结果显示，基于该模型的深度置信网络相比基于原始受限玻尔兹曼机的深度置信网络而言，可以生产更加真实的图像块。实验结果也表明，其生成的图像块与真实图像块在像素强度上具有相似的边缘统计和成对统计特性。

　　使用隐藏层单元，层内连接能够更容易地抓住数据中两两特征之间的依赖关系，从而将那些高阶依赖关系留给隐藏层节点来学习。受限玻尔兹曼机的第一层层内连接结构可以视作一种对数据的白化操作，而白化操作已经被人们发现是图像处理系统中十分有用的预处理步骤[139]。文献［141］中提出在深度置信网络的所有层级中都使用层内连接（可以视作一个有层级结构的马尔可夫随机场）。这种结构的精妙之处在于，隐藏层节点只需要关注于高级的抽象特征，那些局部细节则交给层内连接去处理。举例来说，当生成一张脸的图片时，嘴和鼻子的大概位置由那些高级特征所确定，而它们的精确位置的选定则要满足编码在低层的层内连接中的成对的参数关系。使用这种方法生成的图片通常具有更加尖锐的边界，图像中各部分的相对位置也更加准确，而且无需大量的高层节点。

　　为了从 $P(x|h)$ 中进行取样，我们可以从当前样本启动一个马尔可夫链（在层内连接模型中，像素之间已经具有了相互依赖关系，所以收敛的速度应该比较快），而且只在 x 的基础上运行一段较短的路径（保持 h 不变）。记 U 为可见层到可见层的连接矩阵，如玻尔兹曼机的能量函数中的式（5.15）那样。为了降低模型中对比散度算法的采样方差，文献［141］中使用五个衰减平均场的步骤来代替常规吉布斯链：

$$x_t = \alpha x_{t-1} + (1-\alpha)\,\mathrm{sigm}(b + Ux_{t-1} + W'h),\ \alpha \in (0,1)$$

7.4 条件 RBM 和时序 RBM

条件 RBM 是一种受限玻尔兹曼机。它的参数不是自由参数，而是条件随机变量的参数化函数。举个例子，考虑一个受限玻尔兹曼机，它的观测向量 x 和隐向量 h 的联合概率分布为 $P(x,h)$，与参数 (b,c,W) 的关系如式 (5.15)，其中 b 表示输入偏置，c 表示隐藏变量的偏置，W 表示权重矩阵。这种上下文依赖的受限玻尔兹曼机在文献 [182，183] 中有介绍，它的隐变量偏置 c 是一个关于上下文变量 z 的仿射函数。因此这样的受限玻尔兹曼机表达为 $P(x,h|z)$ 或者对 h 做边缘化得到 $P(x|z)$。一般来说，受限玻尔兹曼机的参数 $\theta = (b,c,W)$ 可以写成参数化的方程 $\theta = f(z;\omega)$，即条件 RBM 在条件 z 下的实际的自由参数记为 ω。将受限玻尔兹曼机推广到条件 RBM 时也可以构造深度结构，其中每一层的隐藏变量都以其他的变量（通常表达某种形式的上下文）的值为条件。

受限玻尔兹曼机中的对比散度算法也可以很容易的推广到这类条件 RBM 中。参数 θ 的梯度估计子 $\Delta\theta$ 可以通过简单的反向传播直接推出 ω 的梯度估计子：

$$\Delta\omega = \Delta\theta\,\frac{\partial\theta}{\partial\omega} \tag{7.3}$$

在文献 [183] 研究的仿射变换 $c = \beta + Mz$（其中 c，β 和 z 是列向量，M 是矩阵）的情况下，条件参数的对比散度更新可以简化如下

$$\Delta\beta = \Delta c$$
$$\Delta M = \Delta cz' \tag{7.4}$$

其中最后一个乘法是外积（可以应用链式法则），Δc 是由 $CD-k$ 算法给出的在隐藏单元偏置上的更新。

这样的想法已经成功地应用到了对人类运动的序列数据的条件概率分布 $P(x_t|x_{t-1},x_{t-2},x_{t-3})$[183] 建模，其中 x_t 是一个向量，它结合了运动关节的角度和其他几何特征，这些特征是由从诸如走和跑这样的运动数据中计算得到的。

有趣的是，给定前 k 帧的采样数据，然后通过如下的近似方法连续采样第 t 帧的数据，可以生成真实的人类运动序列

$$P(\boldsymbol{x}_1, \boldsymbol{x}_2, \cdots, \boldsymbol{x}_T) \approx P(\boldsymbol{x}_1, \boldsymbol{x}_2, \cdots, \boldsymbol{x}_k) \prod_{t=k+1}^{T} P(\boldsymbol{x}_t | \boldsymbol{x}_{t-1}, \boldsymbol{x}_{t-2}, \cdots, \boldsymbol{x}_{t-k})$$

$$(7.5)$$

初始帧可以用特殊的空值作为上下文或者用单独的模型 $P(\boldsymbol{x}_1, \boldsymbol{x}_2, \cdots, \boldsymbol{x}_k)$ 生成。

如文献［126］所示，不仅偏置可以依赖于上下文，让权重也依赖于上下文变量条件也是有用处的。在这种情况下，通过一个表示相互作用的参数 ζ_{ijk}，引入了对输入单元 $\boldsymbol{x}_i$，隐藏单元 $\boldsymbol{h}_j$ 和上下文单元 $\boldsymbol{z}_k$ 之间的三向交互建模的能力，这使得我们可以大大地增加了自由度的数目。这种方法已经被应用于建模学习捕获流场（Flow Fields），$\boldsymbol{x}$ 和 $\boldsymbol{z}$ 分别表示视频中的当前图像和之前的图像[126]。

通过捕获序列中不同时间 t 的隐藏状态（称为状态）之间的时间依赖性，可以对序列数据的隐变量 $\boldsymbol{h}_t$ 进行建模，这种统计模型可以获得更充分的建模能力。这也是隐马尔可夫模型（HMMs）[147]可以捕获长观测序列 $\boldsymbol{x}_1$，$\boldsymbol{x}_2$，$\cdots$之间的依赖关系的原因，尽管这个模型只把隐藏状态序列 $\boldsymbol{h}_1$，$\boldsymbol{h}_2$，$\cdots$考虑为阶数为 1 的马尔可夫链（只有 $\boldsymbol{h}_t$ 和 $\boldsymbol{h}_{t+1}$ 之间有直接依赖关系）。而在 HMMs 中，隐藏状态的表达 $\boldsymbol{h}_t$ 是局部的（$\boldsymbol{h}_t$ 的所有取值是可数的，并且每个值之间由一些特定的参数联系），因此时序 RBM（Temporal RBMs）在文献［180］中被提出，它可以构造状态的一种分布表达。这种想法是前面提到的条件 RBM 的一个扩展，区别在于：上下文不仅包括过去的输入，也包括了过去的状态，例如，我们建立一个如下的模型

$$P(\boldsymbol{h}_t, \boldsymbol{x}_t | \boldsymbol{h}_{t-1}, \boldsymbol{x}_{t-1}, \cdots, \boldsymbol{h}_{t-k}, \boldsymbol{x}_{t-k})$$

$$(7.6)$$

其中上下文是 $\boldsymbol{z}_t = (\boldsymbol{h}_{t-1}, \boldsymbol{x}_{t-1}, \cdots, \boldsymbol{h}_{t-k}, \boldsymbol{x}_{t-k})$，如图 7.1 所示。虽然由时序 RBM 生成的序列的采样方法可以和条件 RBM 一样（在每一步，都用同样的蒙特卡罗马尔可夫链近似从受限玻尔兹曼机中采样），但是，在给定一个输入序列时采用这样的方式准确推断隐藏状态序列不是那么容易。取而代之的是，文献

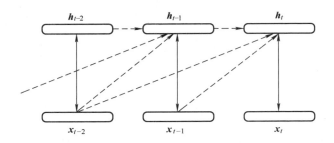

图 7.1　时序 RBM 对序列数据建模的例子，包含了隐藏状态之间的相关性。双向的箭头表示的是无向的连接，即受限玻尔兹曼机。单向箭头的虚线边表示了条件依赖关系。(x_t, h_t) 受限玻尔兹曼机的条件是过去的输入及过去的隐藏状态向量的值

[180] 中提出使用平均场滤波估计作为隐藏序列的后验概率的近似。

7.5　分解式 RBM

在若干概率语言模型中，都已经提出了学习每个词的分布式表示的一些方法[15,16,37,43,128,130,169,170,171,207]。在利用受限玻尔兹曼机对词序列建模时，如果可以用一种参数化的方法自动地学习每个词在词表中的分布，这样将会很方便。这就是文献 [129] 提出的方法。对于一个词序列进行建模的受限玻尔兹曼机，它的输入 x 由定长序列 $(w_1, w_2, \cdots, w_k)$ 中每个词的独热向量 v_t 拼接而成的向量，即 v_t 是仅在词表中 w_t 的位置处为 1，其余位置全为 0 的向量，$x = (v'_1, v'_2, \cdots, v'_k)'$。文献 [129] 使用一种分解的方法将受限玻尔兹曼机的权重矩阵 W 分解成两个因子，其中一个与输入子序列中的位置 t 有关，另一个与之无关。考虑给定输入子序列 $(v_1, v_2, \cdots, v_k)$ 时，对隐藏层单元概率的计算。我们并不直接用矩阵 W 去乘 x，而是进行如下的步骤：首先，通过一个矩阵 R 将每一个词 w_t 映射为一个 d 维的向量 $R._{,wt} = Rv_t$，其中 $t \in \{1, 2, \cdots, k\}$；然后将由向量拼接的 $(R'._{,w_1}, R'._{,w_2}, \cdots, R'._{,w_k})'$ 乘上矩阵 B。因此 $W = B\text{Diag}(R)$，其中 $\text{Diag}(R)$ 是一个对角线为 R 的块对角矩阵。这个模型可以产生对数似然度更好的 n 元组语言模型[129,130]。当它的预测和当前最好性能的 n 元组语言模型的预测进

行平均后，其性能可以进一步提升[129]。

7.6 受限玻尔兹曼机和对比散度的推广

让我们来尝试让受限玻尔兹曼机的定义更一般化，以便包含一个大类的参数化模型。之前讨论过的思想和学习算法（譬如对比散度）能直接应用在这些模型中。按照如下步骤将受限玻尔兹曼机一般化：一个广义的受限玻尔兹曼机是一个基于能量函数的概率模型。这里输入层是向量 x，隐藏层为向量 h，其能量函数的定义使得 $P(h|x)$ 和 $P(x|h)$ 都可以进行因式分解。这个定义可以采用能量函数参数化的形式，文献［73］也提出了这样的定义：

命题 7.1   如果模型的能量函数形式类似式（5.5），使得 $P(h|x) = \prod_i P(h_i|x)$ 以及 $P(x|h) = \prod_j P(x_j|h)$，则该能量函数必定有如下形式

$$\text{Energy}(x, h) = \sum_j \phi_j(x_j) + \sum_i \xi_i(h_i) + \sum_{i,j} \eta_{i,j}(h_i, x_j) \tag{7.7}$$

这是一个对 Hammersley – Clifford 定理[33,61]的直接应用，文献［73］也显示上面的函数形式是得到互补先验（Complementary Priors）的充分必要条件。通过选择合适的 $P(h)$，互补先验允许后验概率分布 $P(h|x)$ 进行因式分解。

在输入层和隐藏层均为二值的情况下，这个新的形式化没有真正地带来任何额外的表达能力。实际上，依据 2×2 组合的 (h_i, x_j) 总可以被重写为一个关于 (h_i, x_j) 的二次多项式：$a + bx_j + ch_i + dh_ix_j$，所以 $\eta_{i,j}(h_i, x_j)$ 可以取最多四个不同的值。b 和 c 则可被归入偏置项，而 a 则是一个全局常数，对模型没有影响（它会在配分函数中被消去）。

从另一个方面看，当 x 或 h 是实数向量时，我们可能会想使用更高容量的模型来刻画 (h_i, x_j) 的交互。这个模型可能是非参数模型。比如，逐渐添加 $\eta_{i,j}$ 的参数项以便更好地模拟互相依赖过程。而且即使 $\eta_{i,j}$ 是很复杂的方程形式，从条件概率密度 $P(x_j|h)$ 和 $P(h_i|x)$ 中采样都是可行的。这是因为它们都是一维的概率密度，对其进行近似采样和数值积分运算都很容易。（例如对互相交叠的区

间或柱状区间（Bins）上的密度进行累加运算。）

这种分析也强调了受限玻尔兹曼机的基本限制。就是它的参数化仅考虑相邻层变量间两两的相互作用。由于 h 是隐藏变量而且我们又可以选择隐藏变量的数目，我们仍有足够的表达能力来描述所有可能的 x 的边缘概率（实际上，我们可以表达任何离散概率分布[102]）。另一些受限玻尔兹曼机的变体（如 7.4 节中所介绍）模型允许三元交互[126]。

在广义受限玻尔兹曼机公式中什么是对比散度算法更新呢？为了简化符号，我们在式（7.7）中标记的 ϕ_j's 和 ξ_i's 可以被归入 $\eta_{i,j}$'s，所以在接下来的公式中我们可以省略它们。定理 5.1 可以使用下面的公式

$$\text{FreeEnergy}(\boldsymbol{x}) = -\log \sum_h \exp\left(-\sum_{i,j} \eta_{i,j}(\boldsymbol{h}_i, \boldsymbol{x}_j)\right)$$

因此，样本 $\boldsymbol{x}$ 的自由能梯度如下

$$\frac{\partial \text{FreeEnergy}(\boldsymbol{x})}{\partial \theta} = \sum_h \frac{\exp\left(-\sum_{i,j} \eta_{i,j}(\boldsymbol{h}_i, \boldsymbol{x}_j)\right)}{\sum_h \exp\left(-\sum_{i,j} \eta_{i,j}(\boldsymbol{h}_i, \boldsymbol{x}_j)\right)} \sum_{i,j} \frac{\partial \eta_{i,j}(\boldsymbol{h}_i, \boldsymbol{x}_j)}{\partial \theta}$$

$$= \sum_h P(\boldsymbol{h}|\boldsymbol{x}) \sum_{i,j} \frac{\partial \eta_{i,j}(\boldsymbol{h}_i, \boldsymbol{x}_j)}{\partial \theta}$$

$$= E_h\left[\sum_{i,j} \frac{\partial \eta_{i,j}(\boldsymbol{h}_i, \boldsymbol{x}_j)}{\partial \theta}\bigg|x\right].$$

根据命题 7.1，吉布斯链我们仍能使用。在吉布斯链的第 k 步之后可以截断对数似然梯度展开式（见式（5.28）），用来自这条吉布斯链的样本来近似期望。通过这些，我们获得在训练点 $\boldsymbol{x}_1$ 附近的对数似然梯度的近似，而这里的近似值仅依赖于吉布斯样本 $\boldsymbol{h}_1$，$\boldsymbol{h}_{k+1}$ 和 $\boldsymbol{x}_{k+1}$：

$$\frac{\partial \log P(\boldsymbol{x}_1)}{\partial \theta} \approx -\frac{\partial \text{FreeEnergy}(\boldsymbol{x}_1)}{\partial \theta} + \frac{\partial \text{FreeEnergy}(\boldsymbol{x}_{k+1})}{\partial \theta},$$

$$\approx \left(-\sum_{i,j} \frac{\partial \eta_{i,j}(\boldsymbol{h}_{1,i}, \boldsymbol{x}_{1,j})}{\partial \theta} + \sum_{i,j} \frac{\partial \eta_{i,j}(\boldsymbol{h}_{k+1,i}, \boldsymbol{x}_{k+1,j})}{\partial \theta}\right) \propto \Delta\theta$$

对应于广义受限玻尔兹曼机的 $\text{CD}-k$ 算法，$\Delta\theta$ 是模型参数 θ 的更新规则。在多数的参数化类型中，我们总可以让 θ 的特定项以非显性加和的方式依赖于 $\eta_{i,j}$。

例如，（直接取基于 h_{k+1} 的期望而不是进行采样）我们在如下情况可以恢复到算法 1

$$\eta_{i,\,j}(h_i,\,x_j) = -W_{ij}h_i x_j - \frac{b_j x_j}{n_h} - \frac{c_i h_i}{n_x},$$

式中，n_h 和 n_x 分别是隐藏单元和可见单元的数目。我们也可以根据不同的能量函数形式以及隐藏和输入单元允许的值域重新得到其他模型的变体[200,17]。

8

DBN 各层联合优化中的随机变分边界

在本节中，我们将讨论训练深度置信网络（DBN）的数学基础。一个 DBN 的对数似然度可以使用 Jensen 不等式来确定其下界，正如我们下面要讨论的，这个结论可以证明在文献［73］中提出的并在章节 6.1 中描述的逐层贪心训练策略。使用式（6.1）作为 DBN 的联合分布，为了简化记号，我们记 $\boldsymbol{h}^1$（第一层隐藏向量）为 $\boldsymbol{h}$，并引入任意条件分布 $Q(\boldsymbol{h}|\boldsymbol{x})$。首先将 $\log P(\boldsymbol{x})$ 乘以 $1 = \sum_{\boldsymbol{h}} Q(\boldsymbol{h}|\boldsymbol{x})$，再利用 $P(\boldsymbol{x}) = P(\boldsymbol{x},\boldsymbol{h})/P(\boldsymbol{h}|\boldsymbol{x})$，然后乘上 $1 = Q(\boldsymbol{h}|\boldsymbol{x})/Q(\boldsymbol{h}|\boldsymbol{x})$，并展开这些项：

$$\log P(\boldsymbol{x}) = \Big(\sum_{\boldsymbol{h}} Q(\boldsymbol{h}|\boldsymbol{x})\Big)\log P(\boldsymbol{x}) = \sum_{\boldsymbol{h}} Q(\boldsymbol{h}|\boldsymbol{x})\log \frac{P(\boldsymbol{x},\boldsymbol{h})}{P(\boldsymbol{h}|\boldsymbol{x})}$$

$$= \sum_{\boldsymbol{h}} Q(\boldsymbol{h}|\boldsymbol{x})\log \frac{P(\boldsymbol{x},\boldsymbol{h})}{P(\boldsymbol{h}|\boldsymbol{x})}\frac{Q(\boldsymbol{h}|\boldsymbol{x})}{Q(\boldsymbol{h}|\boldsymbol{x})}$$

$$= H_{Q(\boldsymbol{h}|\boldsymbol{x})} + \sum_{\boldsymbol{h}} Q(\boldsymbol{h}|\boldsymbol{x})\log P(\boldsymbol{x},\boldsymbol{h}) + \sum_{\boldsymbol{h}} Q(\boldsymbol{h}|\boldsymbol{x})\log \frac{Q(\boldsymbol{h}|\boldsymbol{x})}{P(\boldsymbol{h}|\boldsymbol{x})}$$

$$= KL(Q(\boldsymbol{h}|\boldsymbol{x}) \| P(\boldsymbol{h}|\boldsymbol{x})) + H_{Q(\boldsymbol{h}|\boldsymbol{x})} +$$

$$\sum_{\boldsymbol{h}} Q(\boldsymbol{h}|\boldsymbol{x})(\log P(\boldsymbol{h}) + \log P(\boldsymbol{x}|\boldsymbol{h})) \tag{8.1}$$

式中，$H_{Q(\boldsymbol{h}|\boldsymbol{x})}$ 是分布 $Q(\boldsymbol{h}|\boldsymbol{x})$ 的熵。KL 散度的非负性可得到如下不等式

$$\log P(\boldsymbol{x}) \geqslant H_{Q(\boldsymbol{h}|\boldsymbol{x})} + \sum_{\boldsymbol{h}} Q(\boldsymbol{h}|\boldsymbol{x})(\log P(\boldsymbol{h}) + \log P(\boldsymbol{x}|\boldsymbol{h})) \tag{8.2}$$

当 P 和 Q 相同时等号成立，例如单层的情况（即受限玻尔兹曼机）。而选用 P 来表示在 DBN 下的概率，用 Q 来表示在一个受限玻尔兹曼机下（第一层受限玻尔兹曼机）的概率，并在公式里选择 $Q(\boldsymbol{h}|\boldsymbol{x})$ 作为第一层受限玻尔兹曼机中给定可

视变量条件下的隐藏变量的条件分布。我们定义第一层 RBM，使得 $Q(\boldsymbol{x}|\boldsymbol{h}) = P(\boldsymbol{x}|\boldsymbol{h})$。一般来说 $P(\boldsymbol{h}|\boldsymbol{x}) \neq Q(\boldsymbol{h}|\boldsymbol{x})$，这是因为虽然第一层隐藏层向量 $\boldsymbol{h}^1 = \boldsymbol{h}$ 的边缘分布 $P(\boldsymbol{h})$ 由 DBN 里上面的层决定，但是受限玻尔兹曼机里的边缘分布 $Q(\boldsymbol{h})$ 却只取决于受限玻尔兹曼机的参数。

8.1 将 RBM 展开为无限有向置信网络

在使用上述似然度分解来证明深度置信网络（DBN）的贪心训练过程之前，我们需要建立 DBN 中的 $P(\boldsymbol{h}^1)$ 和第一层受限玻尔兹曼机中对应的边缘分布 $Q(\boldsymbol{h}^1)$ 之间的关系。一个有趣的发现是，存在一个 DBN，其边缘分布 $\boldsymbol{h}^1$ 等于第一层受限玻尔兹曼机的 $\boldsymbol{h}^1$ 的边缘分布，即 $P(\boldsymbol{h}^1) = Q(\boldsymbol{h}^1)$。这里 $\boldsymbol{h}^2$ 的维度等于 $\boldsymbol{h}^0 = \boldsymbol{x}$ 的维度。为了看到这一点，考虑一个两层 RBM，其第二层权重矩阵是第一层的转置（这是我们需要维度一致的原因）。因此，通过 RBM 联合分布中可视层和隐藏层变量的对称性（转置权重矩阵时），第二层 RBM 可视向量的边缘分布等于第一层中隐藏向量的边缘分布 $Q(\boldsymbol{h}^1)$。

发现这一点的另一个有趣的方式由文献 [73] 给出：考虑无限吉布斯采样马尔可夫链。这个链在 $t = -\infty$ 开始，并在 $t = 0$ 结束。第一层受限玻尔兹曼机在 $\boldsymbol{x}$ 和 $\boldsymbol{h}^1$ 之间交替采样。在 t 为偶数时采样可视向量，在 t 为奇数时采样隐藏向量。这条链可以被看作是一个具有绑定参数（所有偶数步骤用权重矩阵 $\boldsymbol{W}'$，奇数步骤用权重矩阵 $\boldsymbol{W}$）的无限有向置信网络。换种方式，如图 8.1 中所示，根据 t 的奇偶，我们能通过带有权重矩阵 $\boldsymbol{W}$ 或 $\boldsymbol{W}'$ 的受限玻尔兹曼机表示从 $t = -\infty$ 到 $t = \tau$ 的任一子链，并获得一个 $1 - \tau$ 层（不算输入层）的 DBN。这个观点也显示出，当第二层的权重等于第一层权重的转置的时候，一个两层的 DBN 等价于单个的 RBM。

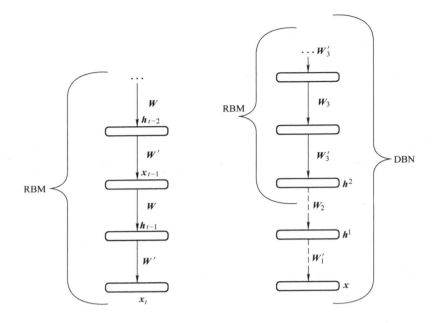

图 8.1　一个受限玻尔兹曼机能被展开为一个带绑定权重的无限有向置信网络（见正文）。如左图所示，根据层数的奇偶性，权重矩阵 W 或它的转置会被使用。这个随机变量序列对应于一个吉布斯马尔可夫链。该链产生 x_t（对于大的 t）。如右图所示，DBN 中顶层的 RBM 也可以用同样的方式展开。这显示一个深度置信网络是一个无限有向图模型，其中一些层是绑定的（除了底部的一些层）

8.2　逐层贪心训练的变分证明

在这里，我们讨论由文献［73］提出的观点，即增加一个受限玻尔兹曼机层会提高 DBN 的似然度。假设我们已经训练了一个受限玻尔兹曼机对 x 进行建模，通过两个条件分布 $Q(h^1|x)$ 和 $Q(x|h^1)$，它为我们提供了一个模型 $Q(x)$。利用上一小节的说法，通过让 $P(x|h^1) = Q(x|h^1)$，我们初始化一个等价的两层 DBN，即生成 $P(x) = Q(x)$。并且 $P(h^1, h^2)$ 由第二层受限玻尔兹曼机给出。第二层权重矩阵是第一层权重矩阵的转置。

现在，让我们回过头来看公式（8.1）和通过改变 $P(h^1)$ 改进 DBN 似然度

的目标，即保持 $P(\boldsymbol{x}|\boldsymbol{h}^1)$ 和 $Q(\boldsymbol{h}^1|\boldsymbol{x})$ 固定，但允许第二层受限玻尔兹曼机变化。有趣的是，随着 KL 散度项的增加，似然度也会提高。初始为 $P(\boldsymbol{h}^1|\boldsymbol{x}) = Q(\boldsymbol{h}^1|\boldsymbol{x})$，$KL$ 项为 0（即只能增加）并且在公式（8.1）中的熵不依赖于 DBN 的 $P(\boldsymbol{h}^1)$。因此，带 $P(\boldsymbol{h}^1)$ 的项上的小改进保证了 $\log P(\boldsymbol{x})$ 的增加。同时，$P(\boldsymbol{h}^1)$ 项的进一步提高（即第二层受限玻尔兹曼机的进一步训练，下文详述）并不会使得对数似然度比第二层受限玻尔兹曼机加入之前小。这完全是因为 KL 和熵项的正性：第二层受限玻尔兹曼机的再训练提高了对数似然度的下界（见式（8.2）），正如在文献［73］中表述的那样。这验证了训练第二层受限玻尔兹曼机来最大化第二项的正确性。这里第二项是训练集上 $\sum\limits_{\boldsymbol{h}^1} Q(\boldsymbol{h}^1 \mid \boldsymbol{x}) \log P(\boldsymbol{h}^1)$ 的期望。

因此，我们训练第二层受限玻尔兹曼机来最大化关于 $P(\boldsymbol{h}^1)$ 的如下式子：

$$\sum_{\boldsymbol{x},\boldsymbol{h}^1} \hat{P}(\boldsymbol{x}) Q(\boldsymbol{h}^1|\boldsymbol{x}) \log P(\boldsymbol{h}^1) \tag{8.3}$$

上式就是对于一个看到样本 $\boldsymbol{h}^1$ 的模型的最大似然度准则。这里样本 $\boldsymbol{h}^1$ 是从由联合分布 $\hat{P}(\boldsymbol{x}) Q(\boldsymbol{h}^1|\boldsymbol{x})$ 推出的 $\boldsymbol{h}^1$ 的边缘分布中采样得到的。

如果我们保持第一层受限玻尔兹曼机不变，那么第二层受限玻尔兹曼机可以按如下步骤训练：从训练集中采样 $\boldsymbol{x}$，然后再采样 $\boldsymbol{h}^1 \sim Q(\boldsymbol{h}^1|\boldsymbol{x})$，考虑 $\boldsymbol{h}^1$ 作为第二级受限玻尔兹曼机的训练样本（即作为"可视"向量的观测值）。如果对 $P(\boldsymbol{h}^1)$ 没有约束，上述训练准则的最大化是其"经验"或目标分布

$$P^*(\boldsymbol{h}^1) = \sum_{\boldsymbol{x}} \hat{P}(\boldsymbol{x}) Q(\boldsymbol{h}^1|\boldsymbol{x}) \tag{8.4}$$

使用同样的论述来证明增加第三层，以此类推。我们可以按照第 6.1 节得到的逐层贪心训练过程。在实际中，各层的大小交替性轮换的条件并不能得到满足。因此，虽然用实验（在加上了层大小限制的情况下）来验证用前一层的权重矩阵转置来初始化是否会加速训练会很有意思，但是用上一层权重矩阵的转置去初始化新加的受限玻尔兹曼机也不是常见的做法[73, 17]。

需要注意的是，如果我们继续训练模型的顶层部分（这包括再添加额外的层），也不能保证 $\log P(\boldsymbol{x})$（一般在训练集上）将会单调增加。随着我们的下界

继续提高，实际的对数似然度可能开始下降。让我们更仔细考察这是如何发生的。这将需要 $KL(Q(h^1|x) \| P(h^1|x))$ 项在第二层受限玻尔兹曼机继续训练的时候减小。然而，这通常是不可能的。随着 DBN 中 $P(h^1)$ 越来越偏离第一层受限玻尔兹曼机的关于 h^1 的边缘分布 $Q(h^1)$，后验分布 $P(h^1|x)$（来自 DBN）和 $Q(h^1|x)$（来自受限玻尔兹曼机）也可能会互相偏离的越来越远（因为 $P(h^1|x) \propto Q(x|h^1)P(h^1)$，并且 $Q(h^1|x) \propto Q(x|h^1)Q(h^1)$）。这使得式（8.1）中的 KL 项增大。随着第二层受限玻尔兹曼机的训练似然度增加，$P(h^1)$ 平稳地从 $Q(h^1)$ 移向 $P^*(h')$。因此，下面的推断似乎是合理的：继续训练第二层受限玻尔兹曼机可以提高 DBN 的似然度（不只是最初的时候），并且根据传递性，增加更多的层也可能提高 DBN 的似然度。

然而，如果我们认为，从任意的参数设置开始，增加第二层受限玻尔兹曼机的训练似然度都会保证 DBN 似然度也增加，这个前提其实是不正确的。因为至少我们可以找到一个病态反例（I. Sutskever，个人通信得到的信息无正式参考文献）。考虑下面的情况：第一层受限玻尔兹曼机具有非常大的隐层偏置，以至于 $Q(h^1|x) = Q(h^1) = 1_{h^1 = \bar{h}} = P^*(h^1)$，但有大的权重和小的可视偏移使得 $P(x_i|h) = 1_{x_i = h_i}$，即隐藏向量被复制到可视单元。当用第一层受限玻尔兹曼机权重的转置来初始化第二层受限玻尔兹曼机的时候，第二层受限玻尔兹曼机的训练似然度不会被提高，DBN 的似然度也不会提高。尽管这样，如果第二层受限玻尔兹曼机是从一个"比较坏"的参数设置开始（从其训练似然度和 DBN 的似然度上来说比较差），则 $P(h^1)$ 将向着 $P^*(h^1) = Q(h^1)$ 移动，使得第二层受限玻尔兹曼机的似然度提高而 KL 项会降低，并且 DBN 的似然度也会降低。只要第二层受限玻尔兹曼机使用合适的初始化（复制第一层 RBM），这些情况就不会发生。因此，我们能否找到可以保证在第二层受限玻尔兹曼机似然度增加的时候，DBN 的似然度也增加的条件（除了以上提到的之外），仍然是一个未解决的问题。

下面从另一种方式上解释贪心过程有效的原因（Hinton，NIPS'2007 教程）。第二层受限玻尔兹曼机训练分布（从 $P^*(h^1)$ 中采样 h^1）看起来更像是由一个受限玻尔兹曼机生成的数据，而不是原始训练分布 $\hat{P}(x)$。这是因为

$P^*(\boldsymbol{h}^1)$ 是在来自 $\hat{P}(\boldsymbol{x})$ 的样本上使用受限玻尔兹曼机吉布斯链的一个子步骤得到的，并且我们知道使用多个吉布斯步骤可以产生来自那个受限玻尔兹曼机的数据。

不幸的是，当我们在逐层贪心过程中训练一个不是 DBN 最顶层的受限玻尔兹曼机时，我们并没有考虑到这样一个事实：为了改进隐藏节点的先验概率，我们在之后会增加模型容量。文献［102］提出采用与对比散度算法不同的一些替代算法来训练受限玻尔兹曼机，用于初始化 DBN 的中间层。具体想法是，考虑用一个拥有非常高容量的模型（DBN 的更高层）对 $P(\boldsymbol{h})$ 建模。在无限容量的极限情况下，我们可以写下最优的 $P(\boldsymbol{h})$ 是：通过第一层受限玻尔兹曼机（或者之前层的受限玻尔兹曼机）的随机映射 $Q(\boldsymbol{h}|\boldsymbol{x})$ 得到的经验分布上的一个随机变换，即第二层情况下，式（8.4）中的 P^*。将其代入 $\log P(\boldsymbol{x})$ 的表达式中，我们可以发现用于训练第一层受限玻尔兹曼机的有效准则是数据分布和经过一步吉布斯链的随机重构向量的分布之间的 KL 散度。实验[102]证实，这一准则可以对用这个受限玻尔兹曼机初始化的 DBN 有更好的优化。不幸的是，这个准则不易使用，因为它涉及对隐藏向量 $\boldsymbol{h}$ 的所有配置求和。由于这一准则看起来像是随机自动编码器（与降噪自动编码器[195]相似的一个生成模型）的重构误差的一种形式，我们可以据此考虑一些近似算法。另一个有趣的替代方案是直接在 DBN 的所有层上的联合优化工作。这将在下一节进行探讨。

8.3　所有层的联合无监督训练

我们在这里讨论怎样用无监督的方法训练一个完整的深度结构，比如深度置信网络，也就是让其很好地来表达输入分布。

8.3.1　Wake – Sleep 算法

Wake – Sleep 算法[72]是在训练 sigmoid 置信网络（即这个网络的顶层单元的分布可以进行因式分解）的时候提出的。该算法基于一个"识别"模型 $Q(\boldsymbol{h}|\boldsymbol{x})$

（与其相伴的是集合 $Q(x)$ 作为训练集分布）。这个模型用作生成模型 $P(h,x)$ 的变分近似。这里我们令 h 表示所有的隐藏层。在深度置信网络中，$Q(h|x)$ 如之前所定义（见第 6.1 节），通过在每一层随机地向上传播样本（从输入层到更高层）来计算。在 Wake – Sleep 算法中，我们从生成参数（向下权值，用于计算 $P(x|h)$）中把识别参数（向上权值，用于计算 $Q(h|x)$）解耦出来。这个算法的基本思想很简单：

1. Wake 阶段：从训练集中采样 x，生成 $h \sim Q(h|x)$ 然后把 (h,x) 当作完全可观察的数据来训练 $P(x|h)$ 和 $P(h)$。这相当于对下式做一次随机梯度（下降）：

$$\sum_h Q(h|x)\log P(x,h) \tag{8.5}$$

2. Sleep 阶段：从模型 $P(x,h)$ 中采样 (h,x)，然后把它当作完全可观察的数据来训练 $Q(h|x)$。这相当于对下式做一次随机梯度（下降）：

$$\sum_{h,x} P(h,x)\log Q(h|x) \tag{8.6}$$

假设一个深度置信网络具有分层结构（h^1, h^2, $\cdots$, h^ℓ），Wake 阶段即把 $h^{\ell-1}$（从 $Q(h|x)$ 得到）看作顶层受限玻尔兹曼机的训练数据，随后更新顶层的受限玻尔兹曼机（$h^{\ell-1}$ 和 h^ℓ 之间）。

变分近似的思想可以用来验证 Wake – Sleep 算法的正确性。式（8.1）的对数似然度可以分解为

$$\log P(x) = KL(Q(h|x) \| P(h|x)) + H_{Q(h|x)} +$$
$$\sum_h Q(h|x)(\log P(h) + \log P(x|h)) \tag{8.7}$$

这表明对数似然的下界由 Helmholtz 自由能[72,53] F 的相反数决定：

$$\log P(x) = KL(Q(h|x) \| P(h|x)) - F(x) \geqslant -F(x) \tag{8.8}$$

这里

$$F(x) = -H_{Q(h|x)} - \sum_h Q(h|x)(\log P(h) + \log P(x|h)) \tag{8.9}$$

并且 $Q = P$ 时等号成立。变分方法的基本思想是在最大化下界 $-F$ 的同时让目标函数与下界的差别变小，即最小化 $KL(Q(h|x) \| P(h|x))$。当差别较小时，增

加 $-F(\boldsymbol{x})$ 更有可能造成 $\log P(\boldsymbol{x})$ 的增加。因为我们把 P 和 Q 分开处理，所以我们现在能够看到 Wake 和 Sleep 两个阶段中分别都发生了什么。在 Wake 阶段中令 Q 不变，做一次随机梯度更新，以最大化训练集样本 $\boldsymbol{x}$ 对应的 $F(\boldsymbol{x})$ 在 P 的参数下的期望（即我们不关心 Q 的熵）。在 Sleep 阶段中，我们理想情况下是想让 Q 尽量与 P 相同，从而让 $KL(Q(\boldsymbol{h}|\boldsymbol{x}) \parallel P(\boldsymbol{h}|\boldsymbol{x}))$（即以 Q 为基准）最小。但是由于 $KL(Q(\boldsymbol{h}|\boldsymbol{x}) \parallel P(\boldsymbol{h}|\boldsymbol{x}))$ 不可计算，我们转而最小化 $KL(P(\boldsymbol{h},\boldsymbol{x}) \parallel Q(\boldsymbol{h},\boldsymbol{x}))$，以 P 为基准。

8.3.2　将深度置信网络转换为玻尔兹曼机

最近提出的另一个方法，在评测后发现能够生成比 Wake – Sleep 算法更好的结果[161]。正如第 6.1 节讨论过的，将各层当作受限玻尔兹曼机进行初始化后，深度置信网络被转换成了一个相应的深度玻尔兹曼机。由于玻尔兹曼机的每个神经元同时从上层和下层接收输入，在采用受限玻尔兹曼机逐层构建深度玻尔兹曼机时，人们提出应该将受限玻尔兹曼机的权重值折半。有意思的是，深度玻尔兹曼机中的受限玻尔兹曼机初始化对于能否得到好的结果至关重要。因此作者们提出了玻尔兹曼机中正相和负相梯度计算的近似方法（见第 5.2 节及式（5.16））。

对于正相阶段（原则上是固定 $\boldsymbol{x}$ 后，对 $P(\boldsymbol{h}|\boldsymbol{x})$ 进行采样），他们提出了一种平均场松弛的变分近似（传播给定其他神经单元时每个神经单元的条件概率，而不是采样得到的数据样本，并且迭代几十次后使得它们趋于稳定）。对于负相阶段（原则上需要从联合概率 $P(\boldsymbol{h},\boldsymbol{x})$ 中采样），他们提出了使用在第 5.4.1 节中讨论过的，并在文献［187］中引入的持续性蒙特卡罗马尔可夫链的思想。这个思想是保持一个 $(\boldsymbol{h},\boldsymbol{x})$ 状态（或者是粒子）的集合，它使用基于目前模型的一个吉布斯链步长进行更新（即根据每个神经元在给定前一步中其他神经元的条件概率分布，对每个神经元进行采样）。即使参数一直在非常慢的变化，我们仍继续使用一样的马尔可夫链而不去重新构建一个新的（正如传统玻尔兹曼机算法做的那样[77,1,76]）。

这个方法似乎效果很好。文献［161］报告了在 MNIST 数据集上相对深度置信网络在两个指标上的改进。这两个指标分别是数据对数似然度（使用退火重要性采样[163]进行评估）和分类错误率（在有监督的精调之后）。其中，错误率可以从 1.2% 降到 0.95%。文献 [111] 也将训练过的深度置信网络转化为深度玻尔兹曼机以便于从中得到采样，这里的深度置信网络是卷积结构。

9

展　　望

9.1　全局优化策略

正如第 4.2 节中所讨论的，在深度结构中使用逐层的局部的无监督预训练会产生更好的泛化能力。部分的解释是：更好的无监督模型相关的参数空间初始化监督训练，帮助它们更好地优化了低层（接近输入端）。类似地，如果要达到文献［161］中所描述的好的结果，很重要的一点是将深度玻尔兹曼机的每一层当作一个受限玻尔兹曼机进行初始化。在两种配置中，在对整个深度结构进行精调之前，我们都是对每一层以某种局部的准则分别进行优化。

根据延拓法（Continuation Method）[3] 的原则，我们找到了现有工作与一些困难的优化问题之间的联系。这些方法虽然不能保证获得全局最优解，但是在一些领域，例如计算化学里，这些方法在寻找复杂的分子结构等优化问题的近似解时尤其有用[35,132,206]。其基本思想是，首先解决一个经过简化的平滑版本的问题，然后再渐渐考虑不那么平滑的情况，这就像我们在模拟退火算法中所做的那样[93]。直觉上来讲，平滑版本的问题将会展示问题的全貌。可以定义一个单参数的损失函数族 $C_\lambda(\theta)$，其中 C_0 可以被更容易地优化（在 θ 中可能是凸的），同时 C_1 是我们真正想去最小化的标准。首先最小化 $C_0(\theta)$，然后渐渐地增加 λ，同时保持 θ 是 $C_\lambda(\theta)$ 的局部极小值（Local Minima）。通常 C_0 是 C_1 的高度平滑版本，因此 θ 也会渐渐移动被吸引到 C_1 中一个主要的极小值点的吸引域（也许不是全局的）。

9.1.1　从拓延法角度看待深度置信网络的逐层贪心训练

第 6.1 节中描述了基于深度置信网络的逐层贪心训练算法。下面的介绍将这种算法看作一个近似的拓延法。

首先回忆第 8.1 节所描述的深度置信网络的顶层受限玻尔兹曼机可以被展开成一个绑定参数的无限有向图模型。在逐层贪心过程的每一步中，我们解除顶层 RBM 参数和倒数第二层的参数的绑定。所以，可以像下面这样看待这个逐层步骤：模型结构保持不变，它是一个无限长 sigmoid 置信层的链，但是在逐层步骤中改变参数的约束。初始时所有的层都是绑定的。在训练完了（即在约束条件下进行优化）第一个 RBM 之后，我们将解除第一层的参数与其他参数之间的约束。在训练完（在稍微放宽的一些的约束条件进行优化）第二个 RBM 之后，我们解除第二层参数与其他参数之间的约束，以此类推。

不同于一个连续的训练标准，我们有一个离散的逐渐变困难的优化问题序列。通过将这个过程变成贪心算法，我们在前 k 层训练结束之后，固定住前 k 层的参数，只优化第 $k+1$ 层，即训练一个 RBM。为了做严格的类比，我们需要用前一层的权重的转置初始化新加入的层的权重。还要注意逐层贪心的方法只优化新层的参数，而不会优化所有参数。

即使上述分析采用了很多近似，它仍然给出了逐层贪心方法为何能得到更好的结果的一个解释。

9.1.2　无监督向有监督的转变

很多论文中的实验都清楚地表明无监督预训练加上有监督训练的精调对于深度结构有非常好的效果。尽管之前在合并有监督学习和无监督学习准则的工作侧重于在无监督学习的准则中加入正则项（以及在半监督学习中加入无标注的数据）[100]，第 4.2 节中的讨论揭示了，深度网络的无监督预训练所带来的改进其实部分的来源于深度结构中的低层部分有更好的优化。

很多研究工作着重于先采用无监督表示学习（比如稀疏编码），然后用判别准则精调或者结合判别准则和无监督准则对这个学习到的表示进行精调[6, 97, 121]。

在文献［97］中，一个 RBM 使用由两部分组成的可视向量来完成训练。可视向量这两部分包括输入 x 和目标类别 y。这样一个 RBM 可以用两种方式训练：对联合概率分布 $P(x, y)$ 进行训练（如通过对比散度算法）或者对条件概率 $P(y|x)$ 进行建模（精确的条件对数似然的梯度是可以求得的）。在文献［97］中报告了结合两种准则之后的最好结果，但是这个模型使用了非判别准则来初始化。

在文献［6, 121］中，稀疏编码系统中训练解码器基底的任务与在稀疏编码上训练分类器的任务被结合在一起。在使用非判别学习初始化解码器基底之后，可以使用判别准则对稀疏表示的相关参数（即产生稀疏编码的第一层的基底）和一组分类器的参数（例如，一个将表示码作为输入的线性分类器）进行联合精调。根据文献［121］，尝试直接优化有监督准则且不预先使用非判别准则初始化，会导致非常差的性能。实际上，这篇文章提出了一个由非判别准则到判别准则的平滑过渡，也即采用延拓法的思想去优化判别准则。

9.1.3 温度控制

即使只优化一个单层 RBM 的对数似然，也可能是一个棘手的事情。事实证明随机梯度下降的使用（比如对比散度算法）和较小的初始权重也与延拓法很类似，并且很容易转变成延拓法。考虑对应于 RBM 的正则路径[64] 的一族优化问题，比如使用参数的 l_2 范数作为正则项，以 $\lambda \in (0, 1]$ 为参数得到的一族训练函数：

$$C_\lambda(\theta) = -\sum_i \log P_\theta(x_i) - \| \theta \|^2 \log \lambda \tag{9.1}$$

当 $\lambda \to 0$ 的时候，有 $\theta \to 0$，并且可以证明 RBM 的对数似然度会变成 θ 的凸函数。当 $\lambda \to 1$ 的时候，没有正则项（注意当训练集特别小的时候，有些 λ 的中间值可能更有利于泛化）。控制 RBM 的偏置和权重的大小等价于在一个玻尔兹曼机中控制温度（"温度"是一个能量函数的缩放系数）。高温对应于高度随机化的系统。极限情况下，它是一个输入上的阶乘式的均匀分布。低温对应于更确定的系统，这种情况下只有很少的可行配置是有意义的。

有趣的是，我们通常可以观察到使用较小的权重初始化的随机梯度下降渐渐地允许权重的幅度增加，这样可以近似地沿着正则路径优化。提前终止是一个众所周知而且高效的模型容量控制策略，其基于训练过程中在验证集上监控的性能，保持在验证集误差上的最好的参数。提前终止与 l_2 范数正则化（连同间隔最大化）的数学关联已经被提出[36, 211]：从较小的参数开始进行梯度下降产生逐渐大的参数，对应于渐渐变小的正则化训练标准。然而，如果使用常规随机梯度下降（没有明确的正则项），则无法保证能够追踪一系列与式（9.1）中 λ 值相关的局部极小值。通过显式地控制 λ，对随机梯度下降算法进行一些微小的修改可能会让它更好地追踪正则路径（即让它更接近延拓法）。对于当前 λ，当优化过程足够接近局部最优解时，逐渐增加 λ 的值。注意，相同的技巧可能可以拓展到其他的机器学习领域解决困难的优化问题，比如训练一个深度监督神经网络。我们希望从一个全局最优解开始，然后逐渐追踪局部极小值；从很大的正则项开始，逐渐变成很小的正则项或者没有。

9.1.4　塑形：课程式的训练

另一种延拓法是：逐渐转变训练任务，使其从一个简单的任务（其中样本能表达更简单的概念，通常是凸的）到目标任务（有更复杂的样本）。人类需要20年才能训练成为适应社会的成人个体。这种训练是高度组织化的，它依赖于一个教育系统和一套课程，这些课程在不同时间引入不同的概念，并利用之前所学的概念使学习新的抽象概念更容易。

通过一套"课程"去训练一个学习机器的思想可以追溯到文献［49］。最基础的想法是从小入手，即先学习一个任务中较容易的某个方面或者学习更简单的子任务，然后渐渐增加难度等级。从建立表示的观点来看，这里提出的基本思想是：首先学习能抓住浅层抽象的表示，然后进行组合，去学习揭示数据中更复杂的结构所必备的稍微高阶一些的抽象。通过选择哪些训练数据应该被利用以及采用何种顺序去使用，我们可以有效的指导训练过程并且显著提升学习速度。这个想法通常用在"动物训练"中，并且被称为"塑形"[95, 144, 177]。

塑形以及课程的使用也能被当作延拓法。下面讨论将这种延拓法用于一个学习问题：对于训练集的数据分布 $\hat{P}$ 进行建模。这个想法就是从训练集的数据分布中重新确定采样的概率权重，根据给定的学习计划，由一个最简单的样本开始，逐渐向展现更高阶抽象的样本移动。在计划的 t 时刻，我们从分布 $\hat{P}_t$ 开始训练，其中 $\hat{P}_1 = \hat{P}$，且 $\hat{P}_0$ 被选择为一个易于学习的分布。与很多延拓法一样，当学习者在 t 时刻触碰到一个局部极小值的时候，即它已经足够了解之前的样本（从 $\hat{P}_t$ 中采样得到），则进入计划表中的下一个时刻。当训练分布中采样样本的概率有了平滑的改变时，对 t 时刻的分布也做出小的改变，由此我们构造出了一条始于简单的学习问题，结束于期望的训练分布的连续路径。这个想法后来在文献 [20] 中得到发展。实验显示，在视觉和语言领域，相较于只在目标分布上训练，使用课程训练目标分布有更好的泛化能力。

逐层贪心和塑形/课程的思想之间有一定的关联。在两种情况中，我们都希望利用同样的原理，即一旦学好合适的低阶抽象，高阶抽象可以更方便地学习。在逐层方法中，这一点是由基于已经学习的低阶概念逐渐增加模型容量做到的。我们控制训练样本，使得在涉及更高级概念的样本出现之前，保证简单的概念已经学会了。就像人类在没有先理解基础概念之前很难掌握一个新的想法，展现更高级的复杂概念很可能只是在浪费时间。

采用"课程"的思想，除了学习者和训练数据的分布，或者环境之外，我们还引入了一个"老师"。老师可以使用两种来源的信息在日程表上做安排：①对于概念序列的先验知识：当它们以哪种方式呈现时会更好得被学习。②监视学习者的学习进度，去决定何时继续课表中的新知识。老师有必要选择新样本的难度等级：在"太简单"（学习者不需要改变模型就能解决这些例子）和"太困难"（学习者在解释这些例子方面不能做出进一步的改变，因此它们最有可能被当作异常值或者特例，不利于泛化）之间进行折中。

9.2　无监督学习的重要性

本书的一个论点是，强大的无监督或半监督学习（或自学习）是建立面向人工智能的深度结构学习算法的至关重要的部分之一。下面简要列举了支持这一观点的论据：

- 有标注数据的稀缺性和无标注数据的广泛存在（可能不仅限于感兴趣的目标类别，正如自学习[148]中的那样）。

- 未知的未来任务：如果一个学习机器并不知道未来需要应对的学习任务是什么样的，但知道这一任务将定义在某个外界环境里（即可观测的随机变量上），那么尽可能地收集和融合关于那个环境下的信息以便学习其运行机制是非常合理的。

- 一旦学习到了很好的高层表示，其他学习方法（比如有监督或强化学习）将会非常简单。例如，我们知道核机器（Kernal Machine）如果使用合适的核（即特征空间），它将会非常有效。类似地，在反馈动作可以通过对合适的特征进行线性组合来获取的情况下，我们知道强化学习是有保障的。我们并不知道合适的表示应该是什么样子，但是当它捕捉到输入数据变化中的显著特点并将其分离出来，那么我们可以认为这是一种有效表达。

- 逐层无监督学习：我们在第4.3节进行了详述。大部分学习可以使用一个层级或者子层的局部可用信息来进行，因此避免了之前讨论过的有监督学习中可能出现的梯度传递问题：即大的扇入元素在长链中的梯度传递问题。

- 结合之前的两个观点，无监督学习可以将有监督或强化学习的参数放置在一个通过梯度下降（局部优化）可以得到较好结果的区域上。在几个场景中该观点都已被经验性的验证，特别是图4.2中的实验以及文献［17，98，50］。

- 在优化问题上加入额外的约束条件会有助于避免泛化能力明显很差的局

部极值（即没有对输入分布进行较好的建模），这些约束条件应当要求模型不仅捕捉输入到输出的关联，而且获取输入分布中的统计规律。注意，通常额外的约束条件也会引入更多的局部极值，但我们在实验中观察到[17]，无监督的预训练可以减少训练和测试误差，这也表明无监督学习可以将参数空间移动到特殊的区域，这个区域中的局部极值对应于一个较好的特征表示。文献［71］认为（但未成定论），无监督学习比有监督学习更不易出现过拟合。深度结构通常用于建立一个有监督分类器，在这种情况下无监督学习模块显然可以被视为一个正则化项或一种先验[137,100,118,50]，以使得最终得到的模型参数不仅在给定输入数据上建模较好，同时还可以捕捉输入的概率分布的结构。

9.3　开放的问题

针对深度结构的研究目前仍不充分，仍有许多问题等待解决。以下就包括一些可能很有意义的问题：

1. 电路中计算深度的成果能否推广到逻辑门和线性阈值单元之外？

2. 是否存在一个基本够用的深度，用来接近人类在 AI 任务上的能力？

3. 关于固定输入大小的电路深度的理论结果，如何推广到基于递归计算的时变动态电路上？

4. 为什么基于梯度的深度神经网络训练使用随机初始化时通常不成功？

5. 基于对比散度方法训练的 RBM 是否能很好地保持输入数据的信息（因为它们并不像自编码器那样训练，它们将会丢失一些最终可能是有用的信息）；如果不能，那能如何弥补？

6. 深度结构的有监督训练准则（比如在深度玻尔兹曼机和 DBN 中的对数域似然度）是否充满了局部极小值？或者仅是针对该准则的优化算法过于复杂而不易实现（比如梯度下降和共轭梯度法）？

7. 局部最优的存在是否是 RBM 训练中的一个主要问题？

8. 是否存在一个算法可以替换受限玻尔兹曼机和自编码器？这样的算法能

更好地提取有效的特征表示，同时其优化算法更简单（甚至可能是凸优化）。

9. 当前的深度结构训练算法包含了许多阶段（逐层训练，加上最后统一进行精调）。这在完全在线环境下并不现实，因为一旦开始进行精调，将会陷入一个明显的局部极小值。是否可以提出一个包含无监督学习模块的完全在线优化的方式来训练深度结构？注意，文献［202］正在做相关的研究。

10. 在对比散度训练中是否应该对吉布斯采样的步长进行调整？

11. 将计算时间考虑在内的情况下，我们是否还能明显改善对比散度方法？最近有些新替代方法被提出，值得进一步研究[187,188]。

12. 除了重建误差，是否还有更合适的方法来对 RBM 和 DBN 的训练进行控制？相应地，在 RBM 和 DBN 中是否存在可控的配分函数的近似形式？最近，采用退火重要性采样方法的研究结果取得了令人鼓舞的进展[163,133]。

13. RBM 和自编码器是否可以通过引入对学习表示的稀疏程度的惩罚项加以改进？最好的做法是怎样的？

14. 如果不增加隐藏层节点数，RBM 模型的容量是否可以通过使用非参数化形式的能量函数以得到增强？

15. 由于我们对单一去噪自编码器只有一个生成模型的版本，是否存在对堆叠自编码器和堆叠去噪自编码器模型的一个概率解释？

16. 在 DBN 中进行逐层贪心训练（即最大化训练数据似然度）的效率怎么样？这种方法是否会过于贪心？

17. 针对 DBN 和相关深度生成模型的对数似然度梯度，是否能得到低方差和低偏差的估计方法，是否可以联合训练所有层（用无监督的目标函数）？

18. 本书讨论的无监督的逐层训练方法可以帮助训练深度结构，但是实验显示训练仍然会陷入明显的局部极值，因此不能够很好的利用大数据集中的全部信息。这种观点是否正确？我们是否可以开发更强大的对深层结构的优化策略来突破这些限制？

19. 基于延拓方法的优化策略是否可以在训练深度结构时明显改善性能？

20. 除了深度置信网络、堆叠自动编码器、深度玻尔兹曼机，是否还存在其他可以有效训练的深度结构？

21. 一些高级抽象概念往往花费人类数年或数十年来学习。是否需要一个课程来学习各种这样的高级抽象概念？

22. 在训练深度结构中发现的准则是否能被应用和推广到训练循环网络和动态置信网络中？这类网络对上下文和较长依赖关系进行学习。

23. 由于信息的维度大小和结构具有可变性（比如树和图结构），某些信息不太容易用向量表示。那么深度结构如何推广以表示这些直观上并不容易表示的信息？

24. 虽然深度置信网络在本质上非常适合半监督和自学习场景，但将当前的深度学习算法应用于这些场景的最好方式仍有待探索。另外，与现有半监督算法的比较，它们表现如何？

25. 当有标注数据存在时，有监督和无监督学习的准则如何结合以便更好地学习模型输入的学习表示？

26. 对比散度和深度置信网络学习在计算上，是否可以找到对应于人脑运转中的实际过程？

27. 大脑皮层与前馈人工神经网络的一个区别点在于存在显著的反馈连接（比如，从视觉处理后期阶段中反馈到视觉处理早期阶段），这样的连接不仅在学习过程起作用（如在 RBM 中），而且对融合视觉证据与前后文信息的先验知识有用处[112]。什么样的模型能在深度结构中产生这样的交互过程，并合理地采用这样的方式学习？

10

总　　结

　　本书的开始部分阐述了使用深度结构的动机。首先，本书论述了使用学习算法来解决人工智能任务的方式，然后从直观的角度探讨了将学习问题转化为多层级的计算和表示形式的合理性。在接着的理论分析中显示，当没有使用足够层级的架构做计算时，计算元素的需求会是庞大的。我们也注意到在学习高可变函数（Highly Varying Function）时，只依赖局部泛化的学习算法不大可能有好的泛化能力。

　　在讨论深度结构和算法之前，我们先说明了使用分布式的表示来表达数据的动因。这种表征形式不但让输入的抽象特征拥有大的可行域成为可能，而且允许系统能紧凑地表示每个样本。同时，它也打开了通向拥有更多一般化形式的途径。紧接着本书详细讨论了如何通过训练深度结构来成功地学习多个层级上的分布式表示。尽管在这种深度结构中标准的梯度算法失效的原因还有待考察，但近年来引入的几个算法表现出了比这种简单梯度优化算法更好的性能。另外，也解释了这些算法之所以有效的基本原理。

　　虽然这本书大部分专注于深度神经网络和深度图模型结构，但是探索深度结构中的学习算法应该超越神经网络框架。举个例子来说，考虑使用多层级的想法来扩展决策树算法和助推算法（Boosting）将是非常有意义的。

　　核学习算法是另一条值得探索的方向。这是因为，能捕获目标分布特性的抽象表示的特征空间也正是适合使用核机器方法的空间。这个方向的研究应考虑学到的核函数能够有非局部的泛化能力。这样可以避免当试图学习高可变函数时出现在3.1节中提到的维数灾难。

本书侧重于讨论一类特定的算法——深度置信网络。它的组成元素：受限玻尔兹曼机，以及其近亲：不同种类的可以堆叠在一起形成一个深度结构的自动编码器。对于受限玻尔兹曼机，我们通过讨论对数似然梯度的估计子之间的关系，验证了训练时使用对比散度更新的正确性。

我们着重阐述了一种在深度置信网络和相关的堆叠自动编码器中表现良好的优化原则。这种优化原则是对于模型的每一层使用贪心式的逐层无监督初始化。我们发现，这种优化原则实际上是一种更普遍意义上的、在所谓的延拓方法中使用的优化原则的近似。使用这种原则时，一系列逐渐变难的优化问题被依次解决。这给出了优化深度结构的新途径：要么通过正则化路径寻找解决方案，要么类似于使用训练学生或动物的方式，用一系列经过选择的代表越来越复杂概念的样本来表征系统。

致　谢

作者非常感谢来自 Yann LeCun，Aaron Courville，Olivier Delalleau，Dumitru Erhan，Pascal Vincent，Geoffrey Hinton，Joseph Turian，Hugo Larochelle，Nicolas Le Roux，Jerome Louradour，Pascal Lamblin，James Bergstra，Pierre – Antoine Manzagol 和 Xavier Glorot 的思路启发和有益建议。这项研究得以开展还要感谢来自 NSERC，MITACS 和加拿大研究主席会的资助。

参 考 文 献

[1] D. H. Ackley, G. E. Hinton, and T. J. Sejnowski, "A learning algorithm for boltzmann machines," *Cognitive Science*, vol. 9, pp. 147–169, 1985.

[2] A. Ahmed, K. Yu, W. Xu, Y. Gong, and E. P. Xing, "Training hierarchical feed-forward visual recognition models using transfer learning from pseudo tasks," in *Proceedings of the 10th European Conference on Computer Vision (ECCV'08)*, pp. 69–82, 2008.

[3] E. L. Allgower and K. Georg, *Numerical Continuation Methods. An Introduction. No. 13 in Springer Series in Computational Mathematics*, Springer-Verlag, 1980.

[4] C. Andrieu, N. de Freitas, A. Doucet, and M. Jordan, "An introduction to MCMC for machine learning," *Machine Learning*, vol. 50, pp. 5–43, 2003.

[5] D. Attwell and S. B. Laughlin, "An energy budget for signaling in the grey matter of the brain," *Journal of Cerebral Blood Flow And Metabolism*, vol. 21, pp. 1133–1145, 2001.

[6] J. A. Bagnell and D. M. Bradley, "Differentiable sparse coding," in *Advances in Neural Information Processing Systems 21 (NIPS'08)*, (D. Koller, D. Schuurmans, Y. Bengio, and L. Bottou, eds.), NIPS Foundation, 2009.

[7] J. Baxter, "Learning internal representations," in *Proceedings of the 8th International Conference on Computational Learning Theory (COLT'95)*, pp. 311–320, Santa Cruz, California: ACM Press, 1995.

[8] J. Baxter, "A Bayesian/information theoretic model of learning via multiple task sampling," *Machine Learning*, vol. 28, pp. 7–40, 1997.

[9] M. Belkin, I. Matveeva, and P. Niyogi, "Regularization and semi-supervised learning on large graphs," in *Proceedings of the 17th International Conference on Computational Learning Theory (COLT'04)*, (J. Shawe-Taylor and Y. Singer, eds.), pp. 624–638, Springer, 2004.

[10] M. Belkin and P. Niyogi, "Using manifold structure for partially labeled classification," in *Advances in Neural Information Processing Systems 15 (NIPS'02)*, (S. Becker, S. Thrun, and K. Obermayer, eds.), Cambridge, MA: MIT Press, 2003.

[11] A. J. Bell and T. J. Sejnowski, "An information maximisation approach to blind separation and blind deconvolution," *Neural Computation*, vol. 7, no. 6, pp. 1129–1159, 1995.

[12] Y. Bengio and O. Delalleau, "Justifying and generalizing contrastive divergence," *Neural Computation*, vol. 21, no. 6, pp. 1601–1621, 2009.

[13] Y. Bengio, O. Delalleau, and N. Le Roux, "The curse of highly variable functions for local kernel machines," in *Advances in Neural Information Processing Systems 18 (NIPS'05)*, (Y. Weiss, B. Schölkopf, and J. Platt, eds.), pp. 107–114, Cambridge, MA: MIT Press, 2006.

[14] Y. Bengio, O. Delalleau, and C. Simard, "Decision trees do not generalize to new variations," *Computational Intelligence*, 2009. To appear.

[15] Y. Bengio, R. Ducharme, and P. Vincent, "A neural probabilistic language model," in *Advances in Neural Information Processing Systems 13 (NIPS'00)*, (T. Leen, T. Dietterich, and V. Tresp, eds.), pp. 933–938, MIT Press, 2001.

[16] Y. Bengio, R. Ducharme, P. Vincent, and C. Jauvin, "A neural probabilistic language model," *Journal of Machine Learning Research*, vol. 3, pp. 1137–1155, 2003.

[17] Y. Bengio, P. Lamblin, D. Popovici, and H. Larochelle, "Greedy layerwise training of deep networks," in *Advances in Neural Information Processing Systems 19 (NIPS'06)*, (B. Schölkopf, J. Platt, and T. Hoffman, eds.), pp. 153–160, MIT Press, 2007.

[18] Y. Bengio, N. Le Roux, P. Vincent, O. Delalleau, and P. Marcotte, "Convex neural networks," in *Advances in Neural Information Processing Systems 18 (NIPS'05)*, (Y. Weiss, B. Schölkopf, and J. Platt, eds.), pp. 123–130, Cambridge, MA: MIT Press, 2006.

[19] Y. Bengio and Y. LeCun, "Scaling learning algorithms towards AI," in *Large Scale Kernel Machines*, (L. Bottou, O. Chapelle, D. DeCoste, and J. Weston, eds.), MIT Press, 2007.

[20] Y. Bengio, J. Louradour, R. Collobert, and J. Weston, "Curriculum learning," in *Proceedings of the Twenty-sixth InternationalConference onMachine Learning (ICML 09)*, (L. Bottou and M. Littman, eds.), pp. 41 –48, Montreal: ACM, 2009.

[21] Y. Bengio, M. Monperrus, and H. Larochelle, "Non-local estimation of manifold structure," *Neural Computation*, vol. 18, no. 10, pp. 2509–2528, 2006.

[22] Y. Bengio, P. Simard, and P. Frasconi, "Learning long-term dependencies with gradient descent is difficult," *IEEE Transactions on Neural Networks*, vol. 5, no. 2, pp. 157–166, 1994.

[23] J. Bergstra and Y. Bengio, "Slow, decorrelated features for pretraining complex cell-like networks," in *Advances in Neural Information Process-*

ing Systems 22 (NIPS'09), (D. Schuurmans, Y. Bengio, C. Williams, J. Lafferty, and A. Culotta, eds.), December 2010.

[24] B. E. Boser, I. M. Guyon, and V. N. Vapnik, "A training algorithm for optimal margin classifiers," in *Fifth Annual Workshop on Computational Learning Theory*, pp. 144–152, Pittsburgh: ACM, 1992.

[25] H. Bourlard and Y. Kamp, "Auto-association by multilayer perceptrons and singular value decomposition," *Biological Cybernetics*, vol. 59, pp. 291–294, 1988.

[26] M. Brand, "Charting a manifold," in *Advances in Neural Information Processing Systems 15 (NIPS'02)*, (S. Becker, S. Thrun, and K. Obermayer, eds.), pp. 961–968, MIT Press, 2003.

[27] L. Breiman, "Random forests," *Machine Learning*, vol. 45, no. 1, pp. 5–32, 2001.

[28] L. Breiman, J. H. Friedman, R. A. Olshen, and C. J. Stone, *Classification and Regression Trees*. Belmont, CA: Wadsworth International Group, 1984.

[29] L. D. Brown, *Fundamentals of Statistical Exponential Families*. 1986. Vol. 9, Inst. of Math. Statist. Lecture Notes Monograph Series.

[30] E. Candes and T. Tao, "Decoding by linear programming," *IEEE Transactions on Information Theory*, vol. 15, no. 12, pp. 4203–4215, 2005.

[31] M. A. Carreira-Perpiñan and G. E. Hinton, "On contrastive divergence learning," in *Proceedings of the Tenth International Workshop on Artificial Intelligence and Statistics (AISTATS'05)*, (R. G. Cowell and Z. Ghahramani, eds.), pp. 33–40, Society for Artificial Intelligence and Statistics, 2005.

[32] R. Caruana, "Multitask connectionist learning," in *Proceedings of the 1993 Connectionist Models Summer School*, pp. 372–379, 1993.

[33] P. Clifford, "Markov random fields in statistics," in *Disorder in Physical Systems: A Volume in Honour of John M. Hammersley*, (G. Grimmett and D. Welsh, eds.), pp. 19–32, Oxford University Press, 1990.

[34] D. Cohn, Z. Ghahramani, and M. I. Jordan, "Active learning with statistical models," in *Advances in Neural Information Processing Systems 7 (NIPS'94)*, (G. Tesauro, D. Touretzky, and T. Leen, eds.), pp. 705–712, Cambridge MA: MIT Press, 1995.

[35] T. F. Coleman and Z. Wu, "Parallel continuation-based global optimization for molecular conformation and protein folding," Technical Report Cornell University, Dept. of Computer Science, 1994.

[36] R. Collobert and S. Bengio, "Links between perceptrons, MLPs and

SVMs," in *Proceedings of the Twenty-first International Conference on Machine Learning (ICML'04)*, (C. E. Brodley, ed.), p. 23, New York, NY, USA: ACM, 2004.

[37] R. Collobert and J. Weston, "A unified architecture for natural language processing: Deep neural networks with multitask learning," in *Proceedings of the Twenty-fifth International Conference on Machine Learning (ICML'08)*, (W. W. Cohen, A. McCallum, and S. T. Roweis, eds.), pp. 160–167, ACM, 2008.

[38] C. Cortes, P. Haffner, and M. Mohri, "Rational kernels: Theory and algorithms," *Journal of Machine Learning Research*, vol. 5, pp. 1035–1062, 2004.

[39] C. Cortes and V. Vapnik, "Support vector networks," *Machine Learning*, vol. 20, pp. 273–297, 1995.

[40] N. Cristianini, J. Shawe-Taylor, A. Elisseeff, and J. Kandola, "On kernel-target alignment," in *Advances in Neural Information Processing Systems 14 (NIPS'01)*, (T. Dietterich, S. Becker, and Z. Ghahramani, eds.), pp. 367–373, 2002.

[41] F. Cucker and D. Grigoriev, "Complexity lower bounds for approximation algebraic computation trees," *Journal of Complexity*, vol. 15, no. 4, pp. 499–512, 1999.

[42] P. Dayan, G. E. Hinton, R. Neal, and R. Zemel, "The Helmholtz machine," *Neural Computation*, vol. 7, pp. 889–904, 1995.

[43] S. Deerwester, S. T. Dumais, G. W. Furnas, T. K. Landauer, and R. Harshman, "Indexing by latent semantic analysis," *Journal of the American Society for Information Science*, vol. 41, no. 6, pp. 391–407, 1990.

[44] O. Delalleau, Y. Bengio, and N. L. Roux, "Efficient non-parametric function induction in semi-supervised learning," in *Proceedings of the Tenth International Workshop on Artificial Intelligence and Statistics*, (R. G. Cowell and Z. Ghahramani, eds.), pp. 96–103, Society for Artificial Intelligence and Statistics, January 2005.

[45] G. Desjardins and Y. Bengio, "Empirical evaluation of convolutional rbms for vision," Technical Report 1327, Département d'Informatique et de Recherche Opérationnelle, Université de Montréal, 2008.

[46] E. Doi, D. C. Balcan, and M. S. Lewicki, "A theoretical analysis of robust coding over noisy overcomplete channels," in *Advances in Neural Information Processing Systems 18 (NIPS'05)*, (Y. Weiss, B. Schölkopf, and J. Platt, eds.), pp. 307–314, Cambridge, MA: MIT Press, 2006.

[47] D. Donoho, "Compressed sensing," *IEEE Transactions on Information Theory*, vol. 52, no. 4, pp. 1289–1306, 2006.

[48] S. Duane, A. Kennedy, B. Pendleton, and D. Roweth, "Hybrid Monte Carlo," *Phys. Lett. B*, vol. 195, pp. 216–222, 1987.

[49] J. L. Elman, "Learning and development in neural networks: The importance of starting small," *Cognition*, vol. 48, pp. 781–799, 1993.

[50] D. Erhan, P.-A. Manzagol, Y. Bengio, S. Bengio, and P. Vincent, "The difficulty of training deep architectures and the effect of unsupervised pre-training," in *Proceedings of The Twelfth International Conference on Artificial Intelligence and Statistics (AISTATS'09)*, pp. 153–160, 2009.

[51] Y. Freund and D. Haussler, "Unsupervised learning of distributions on binary vectors using two layer networks," Technical Report UCSC-CRL-94-25, University of California, Santa Cruz, 1994.

[52] Y. Freund and R. E. Schapire, "Experiments with a new boosting algorithm," in *Machine Learning: Proceedings of Thirteenth International Conference*, pp. 148–156, USA: ACM, 1996.

[53] B. J. Frey, G. E. Hinton, and P. Dayan, "Does the wake-sleep algorithm learn good density estimators?," in *Advances in Neural Information Processing Systems 8 (NIPS'95)*, (D. Touretzky, M. Mozer, and M. Hasselmo, eds.), pp. 661–670, Cambridge, MA: MIT Press, 1996.

[54] K. Fukushima, "Neocognitron: A self-organizing neural network model for a mechanism of pattern recognition unaffected by shift in position," *Biological Cybernetics*, vol. 36, pp. 193–202, 1980.

[55] P. Gallinari, Y. LeCun, S. Thiria, and F. Fogelman-Soulie, "Memoires associatives distribuees," in *Proceedings of COGNITIVA 87*, Paris, La Villette, 1987.

[56] T. Gärtner, "A survey of kernels for structured data," *ACM SIGKDD Explorations Newsletter*, vol. 5, no. 1, pp. 49–58, 2003.

[57] S. Geman and D. Geman, "Stochastic relaxation, gibbs distributions, and the Bayesian restoration of images," *IEEE Transactions on Pattern Analysis and Machine Intelligence*, vol. 6, pp. 721–741, November 1984.

[58] R. Grosse, R. Raina, H. Kwong, and A. Y. Ng, "Shift-invariant sparse coding for audio classification," in *Proceedings of the Twenty-third Conference on Uncertainty in Artificial Intelligence (UAI'07)*, 2007.

[59] R. Hadsell, S. Chopra, and Y. LeCun, "Dimensionality reduction by learning an invariant mapping," in *Proceedings of the Computer Vision and Pattern Recognition Conference (CVPR'06)*, pp. 1735–1742, IEEE Press, 2006.

[60] R. Hadsell, A. Erkan, P. Sermanet, M. Scoffier, U. Muller, and Y. Le-Cun, "Deep belief net learning in a long-range vision system for autonomous off-road driving," in *Proc. Intelligent Robots and Systems (IROS'08)*, pp. 628–633, 2008.

[61] J. M. Hammersley and P. Clifford, "Markov field on finite graphs and lattices," Unpublished manuscript, 1971.

[62] J. Håstad, "Almost optimal lower bounds for small depth circuits," in *Proceedings of the 18th annual ACM Symposium on Theory of Computing*, pp. 6–20, Berkeley, California: ACM Press, 1986.

[63] J. Håstad and M. Goldmann, "On the power of small-depth threshold circuits," *Computational Complexity*, vol. 1, pp. 113–129, 1991.

[64] T. Hastie, S. Rosset, R. Tibshirani, and J. Zhu, "The entire regularization path for the support vector machine," *Journal of Machine Learning Research*, vol. 5, pp. 1391–1415, 2004.

[65] K. A. Heller and Z. Ghahramani, "A nonparametric bayesian approach to modeling overlapping clusters," in *Proceedings of the Eleventh International Conference on Artificial Intelligence and Statistics (AISTATS'07)*, pp. 187–194, San Juan, Porto Rico: Omnipress, 2007.

[66] K. A. Heller, S. Williamson, and Z. Ghahramani, "Statistical models for partial membership," in *Proceedings of the Twenty-fifth International Conference on Machine Learning (ICML'08)*, (W. W. Cohen, A. McCallum, and S. T. Roweis, eds.), pp. 392–399, ACM, 2008.

[67] G. Hinton and J. Anderson, *Parallel Models of Associative Memory*. Hillsdale, NJ: Lawrence Erlbaum Assoc., 1981.

[68] G. E. Hinton, "Learning distributed representations of concepts," in *Proceedings of the Eighth Annual Conference of the Cognitive Science Society*, pp. 1–12, Amherst: Lawrence Erlbaum, Hillsdale, 1986.

[69] G. E. Hinton, "Products of experts," in *Proceedings of the Ninth International Conference on Artificial Neural Networks (ICANN)*, vol. 1, pp. 1–6, Edinburgh, Scotland: IEE, 1999.

[70] G. E. Hinton, "Training products of experts by minimizing contrastive divergence," *Neural Computation*, vol. 14, pp. 1771–1800, 2002.

[71] G. E. Hinton, "To recognize shapes, first learn to generate images," Technical Report UTML TR 2006-003, University of Toronto, 2006.

[72] G. E. Hinton, P. Dayan, B. J. Frey, and R. M. Neal, "The wake-sleep algorithm for unsupervised neural networks," *Science*, vol. 268, pp. 1558–1161, 1995.

[73] G. E. Hinton, S. Osindero, and Y. Teh, "A fast learning algorithm for deep belief nets," *Neural Computation*, vol. 18, pp. 1527–1554, 2006.

[74] G. E. Hinton and R. Salakhutdinov, "Reducing the dimensionality of data with neural networks," *Science*, vol. 313, no. 5786, pp. 504–507, 2006.

[75] G. E. Hinton and R. Salakhutdinov, "Reducing the dimensionality of data with neural networks," *Science*, vol. 313, pp. 504–507, 2006.

[76] G. E. Hinton and T. J. Sejnowski, "Learning and relearning in Boltzmann machines," in *Parallel Distributed Processing: Explorations in the Microstructure of Cognition. Volume 1: Foundations*, (D. E. Rumelhart and J. L. McClelland, eds.), pp. 282–317, Cambridge, MA: MIT Press, 1986.

[77] G. E. Hinton, T. J. Sejnowski, and D. H. Ackley, "Boltzmann machines: Constraint satisfaction networks that learn," Technical Report TR-CMU-CS-84-119, Carnegie-Mellon University, Dept. of Computer Science, 1984.

[78] G. E. Hinton, M. Welling, Y. W. Teh, and S. Osindero, "A new view of ICA," in *Proceedings of 3rd International Conference on Independent Component Analysis and Blind Signal Separation (ICA'01)*, pp. 746–751, San Diego, CA, 2001.

[79] G. E. Hinton and R. S. Zemel, "Autoencoders, minimum description length, and helmholtz free energy," in *Advances in Neural Information Processing Systems 6 (NIPS'93)*, (D. Cowan, G. Tesauro, and J. Alspector, eds.), pp. 3–10, Morgan Kaufmann Publishers, Inc., 1994.

[80] T. K. Ho, "Random decision forest," in *3rd International Conference on Document Analysis and Recognition (ICDAR'95)*, pp. 278–282, Montreal, Canada, 1995.

[81] S. Hochreiter 1991. Untersuchungen zu dynamischen neuronalen Netzen. Diploma thesis, Institut für Informatik, Lehrstuhl Prof. Brauer, Technische Universität München.

[82] H. Hotelling, "Analysis of a complex of statistical variables into principal components," *Journal of Educational Psychology*, vol. 24, pp. 417–441, 498–520, 1933.

[83] D. H. Hubel and T. N. Wiesel, "Receptive fields, binocular interaction, and functional architecture in the cat's visual cortex," *Journal of Physiology (London)*, vol. 160, pp. 106–154, 1962.

[84] A. Hyvärinen, "Estimation of non-normalized statistical models using score matching," *Journal of Machine Learning Research*, vol. 6, pp. 695–709, 2005.

[85] A. Hyvärinen, "Connections between score matching, contrastive divergence, and pseudolikelihood for continuous-valued variables," *IEEE Transactions on Neural Networks*, vol. 18, pp. 1529–1531, 2007.

[86] A. Hyvärinen, "Some extensions of score matching," *Computational Statistics and Data Analysis*, vol. 51, pp. 2499–2512, 2007.

[87] A. Hyvärinen, J. Karhunen, and E. Oja, *Independent Component Analysis*. Wiley-Interscience, May 2001.

[88] N. Intrator and S. Edelman, "How to make a low-dimensional representation suitable for diverse tasks," *Connection Science, Special issue on Transfer in Neural Networks*, vol. 8, pp. 205–224, 1996.

[89] T. Jaakkola and D. Haussler, "Exploiting generative models in discriminative classifiers," Available from http://www.cse.ucsc.edu/ haussler/pubs.html, Preprint, Dept.of Computer Science, Univ. of California. A shorter version is in Advances in Neural Information Processing Systems 11, 1998.

[90] N. Japkowicz, S. J. Hanson, and M. A. Gluck, "Nonlinear autoassociation is not equivalent to PCA," *Neural Computation*, vol. 12, no. 3, pp. 531–545, 2000.

[91] M. I. Jordan, *Learning in Graphical Models*. Dordrecht, Netherlands: Kluwer, 1998.

[92] K. Kavukcuoglu, M. Ranzato, and Y. LeCun, "Fast inference in sparse coding algorithms with applications to object recognition," Technical Report, Computational and Biological Learning Lab, Courant Institute, NYU, 2008. Technical Report CBLL-TR-2008-12-01.

[93] S. Kirkpatrick, C. D. G. Jr., and M. P. Vecchi, "Optimization by simulated annealing," *Science*, vol. 220, pp. 671–680, 1983.

[94] U. Köster and A. Hyvärinen, "A two-layer ICA-like model estimated by score matching," in *Int. Conf. Artificial Neural Networks (ICANN'2007)*, pp. 798–807, 2007.

[95] K. A. Krueger and P. Dayan, "Flexible shaping: How learning in small steps helps," *Cognition*, vol. 110, pp. 380–394, 2009.

[96] G. Lanckriet, N. Cristianini, P. Bartlett, L. El Gahoui, and M. Jordan, "Learning the kernel matrix with semi-definite programming," in *Proceedings of the Nineteenth International Conference on Machine Learning (ICML'02)*, (C. Sammut and A. G. Hoffmann, eds.), pp. 323–330, Morgan Kaufmann, 2002.

[97] H. Larochelle and Y. Bengio, "Classification using discriminative restricted Boltzmann machines," in *Proceedings of the Twenty-fifth Inter-*

national Conference on Machine Learning (ICML'08), (W. W. Cohen, A. McCallum, and S. T. Roweis, eds.), pp. 536–543, ACM, 2008.

[98] H. Larochelle, Y. Bengio, J. Louradour, and P. Lamblin, "Exploring strategies for training deep neural networks," *Journal of Machine Learning Research*, vol. 10, pp. 1–40, 2009.

[99] H. Larochelle, D. Erhan, A. Courville, J. Bergstra, and Y. Bengio, "An empirical evaluation of deep architectures on problems with many factors of variation," in *Proceedings of the Twenty-fourth International Conference on Machine Learning (ICML'07)*, (Z. Ghahramani, ed.), pp. 473–480, ACM, 2007.

[100] J. A. Lasserre, C. M. Bishop, and T. P. Minka, "Principled hybrids of generative and discriminative models," in *Proceedings of the Computer Vision and Pattern Recognition Conference (CVPR'06)*, pp. 87–94, Washington, DC, USA, 2006. IEEE Computer Society.

[101] Y. Le Cun, L. Bottou, Y. Bengio, and P. Haffner, "Gradient-based learning applied to document recognition," *Proceedings of the IEEE*, vol. 86, no. 11, pp. 2278–2324, 1998.

[102] N. Le Roux and Y. Bengio, "Representational power of restricted boltzmann machines and deep belief networks," *Neural Computation*, vol. 20, no. 6, pp. 1631–1649, 2008.

[103] Y. LeCun, "Modèles connexionistes de l'apprentissage," PhD thesis, Université de Paris VI, 1987.

[104] Y. LeCun, B. Boser, J. S. Denker, D. Henderson, R. E. Howard, W. Hubbard, and L. D. Jackel, "Backpropagation applied to handwritten zip code recognition," *Neural Computation*, vol. 1, no. 4, pp. 541–551, 1989.

[105] Y. LeCun, L. Bottou, G. B. Orr, and K.-R. Müller, "Efficient BackProp," in *Neural Networks: Tricks of the Trade*, (G. B. Orr and K.-R. Müller, eds.), pp. 9–50, Springer, 1998.

[106] Y. LeCun, S. Chopra, R. M. Hadsell, M.-A. Ranzato, and F.-J. Huang, "A tutorial on energy-based learning," in *Predicting Structured Data*, pp. 191–246, G. Bakir and T. Hofman and B. Scholkopf and A. Smola and B. Taskar: MIT Press, 2006.

[107] Y. LeCun and F. Huang, "Loss functions for discriminative training of energy-based models," in *Proceedings of the Tenth International Workshop on Artificial Intelligence and Statistics (AISTATS'05)*, (R. G. Cowell and Z. Ghahramani, eds.), 2005.

[108] Y. LeCun, F.-J. Huang, and L. Bottou, "Learning methods for generic object recognition with invariance to pose and lighting," in *Proceed-*

ings of the Computer Vision and Pattern Recognition Conference (CVPR'04), vol. 2, pp. 97–104, Los Alamitos, CA, USA: IEEE Computer Society, 2004.

[109] H. Lee, A. Battle, R. Raina, and A. Ng, "Efficient sparse coding algorithms," in *Advances in Neural Information Processing Systems 19 (NIPS'06)*, (B. Schölkopf, J. Platt, and T. Hoffman, eds.), pp. 801–808, MIT Press, 2007.

[110] H. Lee, C. Ekanadham, and A. Ng, "Sparse deep belief net model for visual area V2," in *Advances in Neural Information Processing Systems 20 (NIPS'07)*, (J. Platt, D. Koller, Y. Singer, and S. P. Roweis, eds.), Cambridge, MA: MIT Press, 2008.

[111] H. Lee, R. Grosse, R. Ranganath, and A. Y. Ng, "Convolutional deep belief networks for scalable unsupervised learning of hierarchical representations," in *Proceedings of the Twenty-sixth International Conference on Machine Learning (ICML'09)*, (L. Bottou and M. Littman, eds.), Montreal (Qc), Canada: ACM, 2009.

[112] T.-S. Lee and D. Mumford, "Hierarchical bayesian inference in the visual cortex," *Journal of Optical Society of America, A*, vol. 20, no. 7, pp. 1434–1448, 2003.

[113] P. Lennie, "The cost of cortical computation," *Current Biology*, vol. 13, pp. 493–497, Mar 18 2003.

[114] I. Levner, *Data Driven Object Segmentation*. 2008. PhD thesis, Department of Computer Science, University of Alberta.

[115] M. Lewicki and T. Sejnowski, "Learning nonlinear overcomplete representations for efficient coding," in *Advances in Neural Information Processing Systems 10 (NIPS'97)*, (M. Jordan, M. Kearns, and S. Solla, eds.), pp. 556–562, Cambridge, MA, USA: MIT Press, 1998.

[116] M. S. Lewicki and T. J. Sejnowski, "Learning overcomplete representations," *Neural Computation*, vol. 12, no. 2, pp. 337–365, 2000.

[117] M. Li and P. Vitanyi, *An Introduction to Kolmogorov Complexity and Its Applications*. New York, NY: Springer, second ed., 1997.

[118] P. Liang and M. I. Jordan, "An asymptotic analysis of generative, discriminative, and pseudolikelihood estimators," in *Proceedings of the Twenty-fifth International Conference on Machine Learning (ICML'08)*, (W. W. Cohen, A. McCallum, and S. T. Roweis, eds.), pp. 584–591, New York, NY, USA: ACM, 2008.

[119] T. Lin, B. G. Horne, P. Tino, and C. L. Giles, "Learning long-term dependencies is not as difficult with NARX recurrent neural networks,"

Technical Report UMICAS-TR-95-78, Institute for Advanced Computer Studies, University of Mariland, 1995.

[120] G. Loosli, S. Canu, and L. Bottou, "Training invariant support vector machines using selective sampling," in *Large Scale Kernel Machines*, (L. Bottou, O. Chapelle, D. DeCoste, and J. Weston, eds.), pp. 301–320, Cambridge, MA: MIT Press, 2007.

[121] J. Mairal, F. Bach, J. Ponce, G. Sapiro, and A. Zisserman, "Supervised dictionary learning," in *Advances in Neural Information Processing Systems 21 (NIPS'08)*, (D. Koller, D. Schuurmans, Y. Bengio, and L. Bottou, eds.), pp. 1033–1040, 2009. NIPS Foundation.

[122] J. L. McClelland and D. E. Rumelhart, "An interactive activation model of context effects in letter perception," *Psychological Review*, pp. 375–407, 1981.

[123] J. L. McClelland and D. E. Rumelhart, *Explorations in parallel distributed processing*. Cambridge: MIT Press, 1988.

[124] J. L. McClelland, D. E. Rumelhart, and the PDP Research Group, *Parallel Distributed Processing: Explorations in the Microstructure of Cognition,* vol. 2. Cambridge: MIT Press, 1986.

[125] W. S. McCulloch and W. Pitts, "A logical calculus of ideas immanent in nervous activity," *Bulletin of Mathematical Biophysics*, vol. 5, pp. 115–133, 1943.

[126] R. Memisevic and G. E. Hinton, "Unsupervised learning of image transformations," in *Proceedings of the Computer Vision and Pattern Recognition Conference (CVPR'07)*, 2007.

[127] E. Mendelson, *Introduction to Mathematical Logic, 4th ed.* 1997. Chapman & Hall.

[128] R. Miikkulainen and M. G. Dyer, "Natural language processing with modular PDP networks and distributed lexicon," *Cognitive Science*, vol. 15, pp. 343–399, 1991.

[129] A. Mnih and G. E. Hinton, "Three new graphical models for statistical language modelling," in *Proceedings of the Twenty-fourth International Conference on Machine Learning (ICML'07)*, (Z. Ghahramani, ed.), pp. 641–648, ACM, 2007.

[130] A. Mnih and G. E. Hinton, "A scalable hierarchical distributed language model," in *Advances in Neural Information Processing Systems 21 (NIPS'08)*, (D. Koller, D. Schuurmans, Y. Bengio, and L. Bottou, eds.), pp. 1081–1088, 2009.

[131] H. Mobahi, R. Collobert, and J. Weston, "Deep learning from temporal

coherence in video," in *Proceedings of the 26th International Conference on Machine Learning*, (L. Bottou and M. Littman, eds.), pp. 737–744, Montreal: Omnipress, June 2009.

[132] J. More and Z. Wu, "Smoothing techniques for macromolecular global optimization," in *Nonlinear Optimization and Applications*, (G. D. Pillo and F. Giannessi, eds.), Plenum Press, 1996.

[133] I. Murray and R. Salakhutdinov, "Evaluating probabilities under high-dimensional latent variable models," in *Advances in Neural Information Processing Systems 21 (NIPS'08)*, vol. 21, (D. Koller, D. Schuurmans, Y. Bengio, and L. Bottou, eds.), pp. 1137–1144, 2009.

[134] J. Mutch and D. G. Lowe, "Object class recognition and localization using sparse features with limited receptive fields," *International Journal of Computer Vision*, vol. 80, no. 1, pp. 45–57, 2008.

[135] R. M. Neal, "Connectionist learning of belief networks," *Artificial Intelligence*, vol. 56, pp. 71–113, 1992.

[136] R. M. Neal, "Bayesian learning for neural networks," 1994. PhD thesis, Department of Computer Science, University of Toronto.

[137] A. Y. Ng and M. I. Jordan, "On discriminative vs. generative classifiers: A comparison of logistic regression and naive bayes," in *Advances in Neural Information Processing Systems 14 (NIPS'01)*, (T. Dietterich, S. Becker, and Z. Ghahramani, eds.), pp. 841–848, 2002.

[138] J. Niebles and L. Fei-Fei, "A hierarchical model of shape and appearance for human action classification," in *Proceedings of the Computer Vision and Pattern Recognition Conference (CVPR'07)*, 2007.

[139] B. A. Olshausen and D. J. Field, "Sparse coding with an overcomplete basis set: a strategy employed by V1?," *Vision Research*, vol. 37, pp. 3311–3325, December 1997.

[140] P. Orponen, "Computational complexity of neural networks: a survey," *Nordic Journal of Computing*, vol. 1, no. 1, pp. 94–110, 1994.

[141] S. Osindero and G. E. Hinton, "Modeling image patches with a directed hierarchy of markov random field," in *Advances in Neural Information Processing Systems 20 (NIPS'07)*, (J. Platt, D. Koller, Y. Singer, and S. Roweis, eds.), pp. 1121–1128, Cambridge, MA: MIT Press, 2008.

[142] B. Pearlmutter and L. C. Parra, "A context-sensitive generalization of ICA," in *International Conference On Neural Information Processing*, (L. Xu, ed.), pp. 151–157, Hong-Kong, 1996.

[143] E. Pérez and L. A. Rendell, "Learning despite concept variation by finding structure in attribute-based data," in *Proceedings of the Thirteenth*

International Conference on Machine Learning (ICML'96), (L. Saitta, ed.), pp. 391–399, Morgan Kaufmann, 1996.

[144] G. B. Peterson, "A day of great illumination: B. F. Skinner's discovery of shaping," *Journal of the Experimental Analysis of Behavior*, vol. 82, no. 3, pp. 317–328, 2004.

[145] N. Pinto, J. DiCarlo, and D. Cox, "Establishing good benchmarks and baselines for face recognition," in *ECCV 2008 Faces in 'Real-Life' Images Workshop*, 2008. Marseille France, Erik Learned-Miller and Andras Ferencz and Frédéric Jurie.

[146] J. B. Pollack, "Recursive distributed representations," *Artificial Intelligence*, vol. 46, no. 1, pp. 77–105, 1990.

[147] L. R. Rabiner and B. H. Juang, "An introduction to hidden Markov models," *IEEE ASSP Magazine*, pp. 257–285, january 1986.

[148] R. Raina, A. Battle, H. Lee, B. Packer, and A. Y. Ng, "Self-taught learning: transfer learning from unlabeled data," in *Proceedings of the Twenty-fourth International Conference on Machine Learning (ICML'07)*, (Z. Ghahramani, ed.), pp. 759–766, ACM, 2007.

[149] M. Ranzato, Y. Boureau, S. Chopra, and Y. LeCun, "A unified energy-based framework for unsupervised learning," in *Proceedings of the Eleventh International Conference on Artificial Intelligence and Statistics (AISTATS'07)*, San Juan, Porto Rico: Omnipress, 2007.

[150] M. Ranzato, Y.-L. Boureau, and Y. LeCun, "Sparse feature learning for deep belief networks," in *Advances in Neural Information Processing Systems 20 (NIPS'07)*, (J. Platt, D. Koller, Y. Singer, and S. Roweis, eds.), pp. 1185–1192, Cambridge, MA: MIT Press, 2008.

[151] M. Ranzato, F. Huang, Y. Boureau, and Y. LeCun, "Unsupervised learning of invariant feature hierarchies with applications to object recognition," in *Proceedings of the Computer Vision and Pattern Recognition Conference (CVPR'07)*, IEEE Press, 2007.

[152] M. Ranzato and Y. LeCun, "A sparse and locally shift invariant feature extractor applied to document images," in *International Conference on Document Analysis and Recognition (ICDAR'07)*, pp. 1213–1217, Washington, DC, USA: IEEE Computer Society, 2007.

[153] M. Ranzato, C. Poultney, S. Chopra, and Y. LeCun, "Efficient learning of sparse representations with an energy-based model," in *Advances in Neural Information Processing Systems 19 (NIPS'06)*, (B. Schölkopf, J. Platt, and T. Hoffman, eds.), pp. 1137–1144, MIT Press, 2007.

[154] M. Ranzato and M. Szummer, "Semi-supervised learning of compact

document representations with deep networks," in *Proceedings of the Twenty-fifth International Conference on Machine Learning (ICML'08)*, vol. 307, (W. W. Cohen, A. McCallum, and S. T. Roweis, eds.), pp. 792–799, ACM, 2008.

[155] S. Roweis and L. K. Saul, "Nonlinear dimensionality reduction by locally linear embedding," *Science*, vol. 290, no. 5500, pp. 2323–2326, 2000.

[156] D. E. Rumelhart, G. E. Hinton, and R. J. Williams, "Learning representations by back-propagating errors," *Nature*, vol. 323, pp. 533–536, 1986.

[157] D. E. Rumelhart, J. L. McClelland, and the PDP Research Group, *Parallel Distributed Processing: Explorations in the Microstructure of Cognition.* Vol. 1, Cambridge: MIT Press, 1986.

[158] R. Salakhutdinov and G. E. Hinton, "Learning a nonlinear embedding by preserving class neighbourhood structure," in *Proceedings of the Eleventh International Conference on Artificial Intelligence and Statistics (AISTATS'07)*, San Juan, Porto Rico: Omnipress, 2007.

[159] R. Salakhutdinov and G. E. Hinton, "Semantic hashing," in *Proceedings of the 2007 Workshop on Information Retrieval and applications of Graphical Models (SIGIR 2007)*, Amsterdam: Elsevier, 2007.

[160] R. Salakhutdinov and G. E. Hinton, "Using deep belief nets to learn covariance kernels for Gaussian processes," in *Advances in Neural Information Processing Systems 20 (NIPS'07)*, (J. Platt, D. Koller, Y. Singer, and S. Roweis, eds.), pp. 1249–1256, Cambridge, MA: MIT Press, 2008.

[161] R. Salakhutdinov and G. E. Hinton, "Deep Boltzmann machines," in *Proceedings of The Twelfth International Conference on Artificial Intelligence and Statistics (AISTATS'09)*, vol. 5, pp. 448–455, 2009.

[162] R. Salakhutdinov, A. Mnih, and G. E. Hinton, "Restricted Boltzmann machines for collaborative filtering," in *Proceedings of the Twenty-fourth International Conference on Machine Learning (ICML'07)*, (Z. Ghahramani, ed.), pp. 791–798, New York, NY, USA: ACM, 2007.

[163] R. Salakhutdinov and I. Murray, "On the quantitative analysis of deep belief networks," in *Proceedings of the Twenty-fifth International Conference on Machine Learning (ICML'08)*, (W. W. Cohen, A. McCallum, and S. T. Roweis, eds.), pp. 872–879, ACM, 2008.

[164] L. K. Saul, T. Jaakkola, and M. I. Jordan, "Mean field theory for sigmoid belief networks," *Journal of Artificial Intelligence Research*, vol. 4, pp. 61–76, 1996.

[165] M. Schmitt, "Descartes' rule of signs for radial basis function neural

networks," *Neural Computation*, vol. 14, no. 12, pp. 2997–3011, 2002.

[166] B. Schölkopf, C. J. C. Burges, and A. J. Smola, *Advances in Kernel Methods — Support Vector Learning*. Cambridge, MA: MIT Press, 1999.

[167] B. Schölkopf, S. Mika, C. Burges, P. Knirsch, K.-R. Müller, G. Rätsch, and A. Smola, "Input space versus feature space in kernel-based methods," *IEEE Trans. Neural Networks*, vol. 10, no. 5, pp. 1000–1017, 1999.

[168] B. Schölkopf, A. Smola, and K.-R. Müller, "Nonlinear component analysis as a kernel eigenvalue problem," *Neural Computation*, vol. 10, pp. 1299–1319, 1998.

[169] H. Schwenk, "Efficient training of large neural networks for language modeling," in *International Joint Conference on Neural Networks (IJCNN)*, pp. 3050–3064, 2004.

[170] H. Schwenk and J.-L. Gauvain, "Connectionist language modeling for large vocabulary continuous speech recognition," in *International Conference on Acoustics, Speech and Signal Processing (ICASSP)*, pp. 765–768, Orlando, Florida, 2002.

[171] H. Schwenk and J.-L. Gauvain, "Building continuous space language models for transcribing european languages," in *Interspeech*, pp. 737–740, 2005.

[172] H. Schwenk and M. Milgram, "Transformation invariant autoassociation with application to handwritten character recognition," in *Advances in Neural Information Processing Systems 7 (NIPS'94)*, (G. Tesauro, D. Touretzky, and T. Leen, eds.), pp. 991–998, MIT Press, 1995.

[173] T. Serre, G. Kreiman, M. Kouh, C. Cadieu, U. Knoblich, and T. Poggio, "A quantitative theory of immediate visual recognition," *Progress in Brain Research, Computational Neuroscience: Theoretical Insights into Brain Function*, vol. 165, pp. 33–56, 2007.

[174] S. H. Seung, "Learning continuous attractors in recurrent networks," in *Advances in Neural Information Processing Systems 10 (NIPS'97)*, (M. Jordan, M. Kearns, and S. Solla, eds.), pp. 654–660, MIT Press, 1998.

[175] D. Simard, P. Y. Steinkraus, and J. C. Platt, "Best practices for convolutional neural networks," in *International Conference on Document Analysis and Recognition (ICDAR'03)*, p. 958, Washington, DC, USA: IEEE Computer Society, 2003.

[176] P. Y. Simard, Y. LeCun, and J. Denker, "Efficient pattern recognition using a new transformation distance," in *Advances in Neural Information Processing Systems 5 (NIPS'92)*, (C. Giles, S. Hanson, and

J. Cowan, eds.), pp. 50–58, Morgan Kaufmann, San Mateo, 1993.

[177] B. F. Skinner, "Reinforcement today," *American Psychologist*, vol. 13, pp. 94–99, 1958.

[178] P. Smolensky, "Information processing in dynamical systems: Foundations of harmony theory," in *Parallel Distributed Processing*, vol. 1, (D. E. Rumelhart and J. L. McClelland, eds.), pp. 194–281, Cambridge: MIT Press, 1986. ch. 6.

[179] E. B. Sudderth, A. Torralba, W. T. Freeman, and A. S. Willsky, "Describing visual scenes using transformed objects and parts," *International Journal of Computer Vision*, vol. 77, pp. 291–330, 2007.

[180] I. Sutskever and G. E. Hinton, "Learning multilevel distributed representations for high-dimensional sequences," in *Proceedings of the Eleventh International Conference on Artificial Intelligence and Statistics (AISTATS'07)*, San Juan, Porto Rico: Omnipress, 2007.

[181] R. Sutton and A. Barto, *Reinforcement Learning: An Introduction*. MIT Press, 1998.

[182] G. Taylor and G. Hinton, "Factored conditional restricted Boltzmann machines for modeling motion style," in *Proceedings of the 26th International Conference on Machine Learning (ICML'09)*, (L. Bottou and M. Littman, eds.), pp. 1025–1032, Montreal: Omnipress, June 2009.

[183] G. Taylor, G. E. Hinton, and S. Roweis, "Modeling human motion using binary latent variables," in *Advances in Neural Information Processing Systems 19 (NIPS'06)*, (B. Schölkopf, J. Platt, and T. Hoffman, eds.), pp. 1345–1352, Cambridge, MA: MIT Press, 2007.

[184] Y. Teh, M. Welling, S. Osindero, and G. E. Hinton, "Energy-based models for sparse overcomplete representations," *Journal of Machine Learning Research*, vol. 4, pp. 1235–1260, 2003.

[185] J. Tenenbaum, V. de Silva, and J. C. Langford, "A global geometric framework for nonlinear dimensionality reduction," *Science*, vol. 290, no. 5500, pp. 2319–2323, 2000.

[186] S. Thrun, "Is learning the n-th thing any easier than learning the first?," in *Advances in Neural Information Processing Systems 8 (NIPS'95)*, (D. Touretzky, M. Mozer, and M. Hasselmo, eds.), pp. 640–646, Cambridge, MA: MIT Press, 1996.

[187] T. Tieleman, "Training restricted boltzmann machines using approximations to the likelihood gradient," in *Proceedings of the Twenty-fifth International Conference on Machine Learning (ICML'08)*, (W. W. Cohen, A. McCallum, and S. T. Roweis, eds.), pp. 1064–1071, ACM, 2008.

[188] T. Tieleman and G. Hinton, "Using fast weights to improve persistent contrastive divergence," in *Proceedings of the Twenty-sixth International Conference on Machine Learning (ICML'09)*, (L. Bottou and M. Littman, eds.), pp. 1033–1040, New York, NY, USA: ACM, 2009.

[189] I. Titov and J. Henderson, "Constituent parsing with incremental sigmoid belief networks," in *Proc. 45th Meeting of Association for Computational Linguistics (ACL'07)*, pp. 632–639, Prague, Czech Republic, 2007.

[190] A. Torralba, R. Fergus, and Y. Weiss, "Small codes and large databases for recognition," in *Proceedings of the Computer Vision and Pattern Recognition Conference (CVPR'08)*, pp. 1–8, 2008.

[191] P. E. Utgoff and D. J. Stracuzzi, "Many-layered learning," *Neural Computation*, vol. 14, pp. 2497–2539, 2002.

[192] L. van der Maaten and G. E. Hinton, "Visualizing data using t-sne," *Journal of Machine Learning Research*, vol. 9, pp. 2579–2605, November 2008.

[193] V. N. Vapnik, *The Nature of Statistical Learning Theory*. New York: Springer, 1995.

[194] R. Vilalta, G. Blix, and L. Rendell, "Global data analysis and the fragmentation problem in decision tree induction," in *Proceedings of the 9th European Conference on Machine Learning (ECML'97)*, pp. 312–327, Springer-Verlag, 1997.

[195] P. Vincent, H. Larochelle, Y. Bengio, and P.-A. Manzagol, "Extracting and composing robust features with denoising autoencoders," in *Proceedings of the Twenty-fifth International Conference on Machine Learning (ICML'08)*, (W. W. Cohen, A. McCallum, and S. T. Roweis, eds.), pp. 1096–1103, ACM, 2008.

[196] L. Wang and K. L. Chan, "Learning kernel parameters by using class separability measure," 6th kernel machines workshop, in conjunction with Neural Information Processing Systems (NIPS), 2002.

[197] M. Weber, M. Welling, and P. Perona, "Unsupervised learning of models for recognition," in *Proc. 6th Europ. Conf. Comp. Vis., ECCV2000*, pp. 18–32, Dublin, 2000.

[198] I. Wegener, *The Complexity of Boolean Functions*. John Wiley & Sons, 1987.

[199] Y. Weiss, "Segmentation using eigenvectors: a unifying view," in *Proceedings IEEE International Conference on Computer Vision (ICCV'99)*, pp. 975–982, 1999.

[200] M. Welling, M. Rosen-Zvi, and G. E. Hinton, "Exponential family harmoniums with an application to information retrieval," in *Advances in Neural Information Processing Systems 17 (NIPS'04)*, (L. Saul, Y. Weiss, and L. Bottou, eds.), pp. 1481–1488, Cambridge, MA: MIT Press, 2005.

[201] M. Welling, R. Zemel, and G. E. Hinton, "Self-supervised boosting," in *Advances in Neural Information Processing Systems 15 (NIPS'02)*, (S. Becker, S. Thrun, and K. Obermayer, eds.), pp. 665–672, MIT Press, 2003.

[202] J. Weston, F. Ratle, and R. Collobert, "Deep learning via semi-supervised embedding," in *Proceedings of the Twenty-fifth International Conference on Machine Learning (ICML'08)*, (W. W. Cohen, A. McCallum, and S. T. Roweis, eds.), pp. 1168–1175, New York, NY, USA: ACM, 2008.

[203] C. K. I. Williams and C. E. Rasmussen, "Gaussian processes for regression," in *Advances in neural information processing systems 8 (NIPS'95)*, (D. Touretzky, M. Mozer, and M. Hasselmo, eds.), pp. 514–520, Cambridge, MA: MIT Press, 1996.

[204] L. Wiskott and T. J. Sejnowski, "Slow feature analysis: Unsupervised learning of invariances," *Neural Computation*, vol. 14, no. 4, pp. 715–770, 2002.

[205] D. H. Wolpert, "Stacked generalization," *Neural Networks*, vol. 5, pp. 241–249, 1992.

[206] Z. Wu, "Global continuation for distance geometry problems," *SIAM Journal of Optimization*, vol. 7, pp. 814–836, 1997.

[207] P. Xu, A. Emami, and F. Jelinek, "Training connectionist models for the structured language model," in *Proceedings of the 2003 Conference on Empirical Methods in Natural Language Processing (EMNLP'2003)*, vol. 10, pp. 160–167, 2003.

[208] A. Yao, "Separating the polynomial-time hierarchy by oracles," in *Proceedings of the 26th Annual IEEE Symposium on Foundations of Computer Science*, pp. 1–10, 1985.

[209] D. Zhou, O. Bousquet, T. Navin Lal, J. Weston, and B. Schölkopf, "Learning with local and global consistency," in *Advances in Neural Information Processing Systems 16 (NIPS'03)*, (S. Thrun, L. Saul, and B. Schölkopf, eds.), pp. 321–328, Cambridge, MA: MIT Press, 2004.

[210] X. Zhu, Z. Ghahramani, and J. Lafferty, "Semi-supervised learning using Gaussian fields and harmonic functions," in *Proceedings of the Twenty International Conference on Machine Learning (ICML'03)*, (T. Fawcett and N. Mishra, eds.), pp. 912–919, AAAI Press, 2003.

[211] M. Zinkevich, "Online convex programming and generalized infinitesimal gradient ascent," in *Proceedings of the Twenty International Conference on Machine Learning (ICML'03)*, (T. Fawcett and N. Mishra, eds.), pp. 928–936, AAAI Press, 2003.